主编 欧阳自远

嫦娥书系

蟾宫览胜
人类认识的月球世界

王世杰 宣焕灿 郑永春 朱丹 黎廷宇 陈敬安 著

上海科技教育出版社

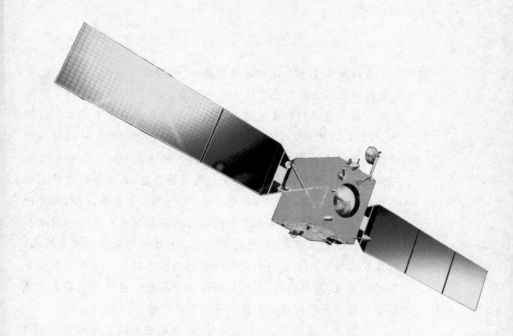

主编的话

　　21世纪是人类全面探测太阳系的新时代。当代的太阳系探测以探测月球与火星为主线,兼顾其他行星、矮行星、卫星、小行星、彗星和太阳的探测;研究内容涉及太阳系的起源与演化,各行星形成和演化的共性与特性,地月系统的诞生过程与相互作用,生命的起源与生存环境,太阳活动与空间天气预报,防御小天体撞击地球及由此诱发的气候、生态的环境灾变,评估月球与火星的开发前景,探寻人类移民地外天体的条件等重大问题。

　　月球是地球唯一的天然卫星,是离地球最近的天体。自古以来,她寄托着人类的美好愿望和浪漫遐想,见证着人类发展的艰难步伐,引出了许多神话传说与科学假说。月球也一直是人类密切关注和经常观测的天体,月球运动和月相的变化不仅对人类的生产活动发挥了重大作用,还对人类科学技术的发展和文明进步产生了广泛而深刻的影响。

月球探测是人类走出地球摇篮,迈向浩瀚宇宙的第一步,也是人类探测太阳系的历史开端。迄今为止,人类已经发射110多个月球探测器,成功的和失败的约各占一半。美国实现了6次载人登月,人类获得了382千克的月球样品。月球探测推动了一系列科学的创新与技术的突破,引领了高新技术的进步和一大批新型工业群体的建立,推进了经济的发展和文明的昌盛,为人类创造了无穷的福祉。当前,探索月球,开发月球资源,建立月球基地,已成为世界航天活动的必然趋势和竞争热点。我国在发展人造地球卫星和实施载人航天工程之后,适时开展了以月球探测为主的深空探测。这是我国科学技术发展和航天活动的必然选择,也是我国航天事业持续发展,有所作为、有所创新的重大举措。月球探测将成为我国空间科学和空间技术发展的第三个里程碑。

中国的月球探测,首先经历了35年的跟踪研究与积累。通过系统调研苏、美两国月球探测的进展,综合分析深空探测的技术进步与月球和行星科学的研究成果,适时总结与展望深空探测的走向与发展趋势。在此基础上,又经历了长达10年的科学目标与工程实现的综合论证,提出我国月球探测的发展战略与远景规划,系统论证首次绕月探测的科学目标、工程目标和工程立项实施方案。2004年初,中央批准月球探测一期工程——绕月探测工程立项实施。继而,月球探测二、三期工程列入《国家中长期科学和技术发展规划纲要(2006~2020年)》的重大专项开展论证和组织实施。中国的月球探测计划已正式命名为"嫦娥工程",它经历了2004年的启动年、2005年的攻坚年和2006年的决战年,攻克了各项关键技术,建立了运载、卫星、测控、发射场和地面应用五大系统,进入了集成、联调、试运行和正样交付出厂,整个工程按照高标准、高质量和高效率的要求,为2007年决胜年的首发成功,打下了坚实的基础。

中国的"嫦娥一号"月球探测卫星,为实现中华民族的千年凤愿,即将飞出地球,奔赴广寒,对月球进行全球性、整体性与系统性的科学探测。为了使广大公众比较系统地了解当今空间探测的进展态势和月球探测的历程,人类对月球世界的认识和月球的开发利用前景,中国"嫦娥工程"的背景、目标、实施过程和重大意义,上海科技教育出版社在三年前提出了编辑出版《嫦娥书系》的创意和方案,与编委会共同精心策划了《逐鹿太空》、《蟾宫览胜》、《神箭凌霄》、《翱翔九天》、《嫦娥奔月》和《超越广寒》六本科普著作,构成一套结构完整的"嫦娥书系"。该书系的主要特点是:

(1) 我们邀请的作者大多是"嫦娥工程"相关领域的骨干专家,他们科学基础坚实,工程经验丰富,亲身体验真切,文字表述清晰。他们在繁忙紧张的工程任务中,怀着强烈的责任感,挤出时间,严肃认真,精益求精,一丝不苟,广征博引,撰写书稿。我真诚地感激作者们的辛勤劳动。

(2) "嫦娥书系"是由六本既各自独立又互有内在联系的科普著作构成的有机整体。其中《逐鹿太空——航天技术的崛起与今日态势》,系统讲述人类航天的艰难征途与发展,航天先驱们可歌可泣的感人故事;《蟾宫览胜——人类认识的月球世界》,系统描述人类认识月球的艰辛历程,由表及里揭示月球的真实面目,追索月球的诞生过程;《神箭凌霄——长征系列火箭的发展历程》,系统追忆中国长征系列火箭的成长过程并展示未来的美好前景,是一首中国"神箭"的赞歌;《翱翔九天——从人造卫星到月球探测器》,系统叙述中国各种功能航天器和月球探测器的发展沿革,展望未来月球探测、载人登月与月球基地建设的科学蓝图;《嫦娥奔月——中国的探月方略及其实施》,系统分析当代国际"重返月球"的形势,论述中国月球探测的意义、背景、方略、目标、特色和进程,是当代中国"嫦娥奔月"的真实史诗;《超越广寒——月球开发的迷人前景》,是一支开发利用月球的科学畅想曲,展现了人类和平利用空间的雄心壮志与迷人前景。

（3）"嫦娥书系"力求内容充实、论述系统、图文并茂、通俗易懂，融知识性、可读性、趣味性与观赏性于一体。

（4）"嫦娥书系"无论在事件的描述上还是在人物的刻画上，都力求真实而丰满地再现当代"嫦娥"科技工作者为发展我国航天事业而奋斗、拼搏、奉献的精神和事迹，书中还援引了他们用智慧和汗水凝练的研究成果、学术观点和图片资料。特别值得一提的是，书系在写作过程中还得到了他们的指导、帮助、支持与关心。虽然"嫦娥书系"作为科普读物，难以专辟章节一一列举他们的名字，书写他们的贡献，我还是要在此代表编辑委员会和全体作者对他们表示衷心的感谢和深深的敬意。

在这里我要特别感谢上海科技教育出版社精心的文字编辑和装帧设计，使"嫦娥书系"以内容丰富、版面新颖、图文并茂的面貌呈献给读者。我们相信，通过这一书系，读者将会对人类的航天活动与中国的"嫦娥工程"有更加完整而清晰的认识。

欧阳自远

二〇〇七年十月八日于北京

目　录

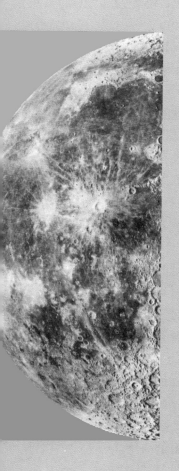

第八章　月球上的资源

嫦娥书系 ● 蟾宫览胜　人类认识的月球世界

第一章　人类的探月梦

　　月球,俗称月亮,是地球唯一的天然卫星,是茫茫太空中离地球最近的天体,也是地球上看到的除太阳以外最明亮的星体。地球上夜晚的自然照明,主要是靠月球。否则的话,地球上的夜晚将是漆黑一片。自远古时代起,人类对月球就有一种难以言表的眷恋之情。进入航天时代以后,月球成了人类了解广阔无垠宇宙的前哨站,因而也是除地球以外目前人类了解得最多的天体。

古人观月的诗情画意

　　满月时,人们用肉眼直接观看月球,往往能隐约地看到大片阴影区域,世界上各民族因此而产生许多神话传说。

　　流传在格陵兰的一个神话是:太阳和月亮是一对兄妹,有一次,太阳把油烟灰擦了他妹妹一脸,于是月亮妹妹便要追打太阳哥哥,但她总是追不上他。因为她身体瘦弱,不能飞得太高,每隔几周就需要休息,回到地面登上狗拉的雪橇去捕猎海豹,等吃了几头海豹后恢复了元气,又变成一轮圆月,再去追逐太阳。这个故事反映了古代格陵兰人试图用神话来解释月面上的阴影和月相的圆缺变化。

　　在土耳其,有一个神话故事是:月亮姑娘非常依恋她的妈妈,总是形影不离地缠着妈妈。有一次,当妈妈洗盘子时,她又紧跟在身旁,惹得妈妈将洗盘子的抹布在她脸上抹了一下。这个故事试图解释望月时的月面为何看起来似乎总是污渍斑斑。

　　印度有一个神话是:一只狼居然疯狂地爱上一只蟾蜍,后者十分恐惧,一再说不,但狼还是紧追不舍,于是蟾蜍只好跳到月亮上并

图1-1　中国唯一已知的月亮神像——太阴妙果素月天尊神位

图1-2　"嫦娥奔月"神话意境图

留驻在那里，而月亮上的暗斑看起来似乎正像一只垂着双足的蟾蜍。

四大文明古国之一的中国也流传着许多与月亮相关的神话故事（图1-1）和民间传说。根据望月时月面中的阴影，中国古代流传下来"吴刚伐桂"、"玉兔捣药"的故事。还有一个流传更广泛的神话是"嫦娥奔月"，大意是说人世间的嫦娥偷吃了丈夫后羿秘密收藏在家中唯一的一颗仙丹，使得身体轻飘飘向上飞升，一直飞到月亮中的广寒宫（图1-2），再也无法返回人间。也许有人会问，成仙后的嫦娥在月宫中生活得怎样？古代文人们大多觉得嫦娥生活得并不幸福。唐代诗人李商隐在《嫦娥》一诗中吟道："嫦娥应悔偷灵药，碧海青天夜夜心。"另一位唐代诗人罗隐则在《咏月》一诗中吟道："嫦娥老大应惆怅，倚泣苍苍桂一轮。"然而，"嫦娥奔月"这一神话更重要的是反映了古人想飞上天空，作宇宙旅行的理想。直到当今的航天时代，这一理想才可能成为现实。

月亮往往是诗人们吟咏的对

图1-3 李白举杯邀明月

象。唐代著名诗人李白在《静夜思》中吟道:"床前明月光,疑是地上霜。举头望明月,低头思故乡。"这首诗几乎人人都能背诵。李白还常常独自在月下饮酒吟诗,把月亮当做同伴(图1-3)。他在《把酒问月》一诗中吟道:"今人不见古时月,今月曾经照古人。"这两句诗隐含了深刻的哲理。

北宋文学家苏轼在中秋词《水调歌头》中写道:"人有悲欢离合,月有阴晴圆缺,此事古难全。但愿人长久,千里共婵娟。"这被认为是千古绝句。

随着诗人们大量的诗词歌赋流传后世,月亮也多了许多家喻户晓的别名,如"婵娟"、"蟾宫"、"嫦娥"、"太阴"、"桂宫"、"白兔"、"月桂"、"白玉盘"、"广寒"、"琼阙"、"银盘"、"玉兔"、"半轮"、"宝镜"、"冰壶"、"冰鉴"、"冰镜"、"冰轮"、"冰盘"、"冰魄"、"蟾蜍"、"蟾光"、"蟾盘"、"方晖"、"飞镜"、"飞轮"、"顾菟"、"挂镜"、"桂魄"、"恒娥"、"金波"、"金镜"、"金盆"、"明镜"、"清光"、"秋影"、"素娥"、"素月"、"兔影"、"悬钩"、"瑶台镜"、"夜光"、"银阙珠宫"、"幽阳"、"玉蟾"、"玉弓"、"玉钩"、"玉京"、"玉镜"、"玉栏"、"玉轮"、"玉盘"、"玉盆"、

图1-4 月色清辉洒满人间

"圆蟾"、"圆影"、"月轮"……恐怕世界上再也找不到一件天然之物会有这么多雅致的别号,而这么多雅号依然表达不尽人们对月球的赞扬、歌颂、怀念、依恋和憧憬之情。

文人墨客观月吟诗,往往在于抒发自己的情感,或是描写月色清辉的夜景(图1-4),让人领略诗情画意。古代的天文学家和历算家则不同,他们是在踏踏实实地观测月球。他们虽然无法直接用肉眼看到月面上有些什么,但却对月球在天球(夜空中,仿佛所有的星星都散布在一个以观测者为中心的极其遥远的球面上,这个想象中的球面称为天球)上的视运动作了十分精密的观测。早在1900多年前的东汉时代,李梵、苏统已通过观测发现,月球在天球上的视运动有快慢的变化。此后不久,贾逵肯定了他们的发现,并指出月球在天球上视运动速度最快的位置(称"疾处")每个月向前移动"三度"。根据后来发现的开普勒第二定律,月球沿椭圆轨道绕地球公转时,在

近地 点时运行速度最大。因此,月球视运动的"疾处"便是月球近地点在天空中的方位。月球连续两次经过天球上"疾处"的时间间隔,在中国古代历法中称为"转终"或"转周",实际上就是现代天文学中"近点月"(月球连续两次过近地点的时间间隔)的概念。公元237年,三国时期魏国的杨伟制定《景初历》时,已定出近点月的长度为27.554 508天,与近点月的今测值27.554 550天十分接近,这充分体现了中国古代天文学家和历算家们对月球视运动的观测和计算是多么精密。

中国古代日月食预报的精度也很高,关于这方面有一个小故事很说明问题。公元7世纪后期唐高宗时期,有一回太史令李淳风预报了一次日偏食。到了这一天,高宗皇帝与李淳风一起坐等日食的来临,可等了很长时间,日食还没有发生。于是,唐高宗对他说:"爱卿,我放你回去,与你的妻子儿女告别一下,你再回来受死吧。"因为当时他作为太史令,若日食预报不准,按照唐朝法律是要被处死的。但李淳风毫不惊慌,他用手在墙上划了一下,并对皇上说,发生日食的时间尚未到,要等穿窗而过的阳光照到墙上这一位置时,日食才开始。结果,日食真的在那时开始了。这件事连高宗皇帝都为之折服。中国古代日月食预报的这种高精度,建立在对月球和太阳视运动的精密观测和严格的历算术的基础之上,它反映了那时天文学家和历算家极其勤奋仔细的观测和很高的专业水平。

古希腊人的精巧测月

中国古代的天文学虽然发达,但毕竟是皇权主宰下的天文学,它庞大的天文机构的所有开支都来自国库,所要进行的研究又完全服从皇室的需要,主要是天象观测(以便占卜王朝兴衰)和历法编制,因而是实用性很强的天文学。古希腊的天文学则是理性特色非常突出的天文学,这与古希腊的形成过程有关。

早在公元前8世纪至前6世纪,希腊人向海外大移民,小亚细亚沿岸、意大利半岛、西西里岛、西班牙的东南岸、尼罗河口与利比亚，到处都有希腊移民的足迹，其中许多移民区后来逐渐发展为独立的城邦。古希腊各城邦彼此独立，自由竞争，外邦人也可以自由出入各邦，整个古希腊地区呈现出一种百花齐放、百家争鸣的局面。这为学者们对宇宙和大自然进行自由思索提供了良好的社会环境。正是在这种条件下，古希腊天文学形成了多个学派，同一学派中不同的学者往往又有不同的理论。

公元前7世纪至前5世纪，古希腊爱奥尼亚学派的学者们的思辨性探讨，主要涉及宇宙的本原问题以及日、月、星辰的本质和构成。到了公元前6世纪至前3世纪的毕达哥拉斯学派和柏拉图学派，才逐渐显示出古希腊天文学的重要特色——用几何系统来表示天体的运动。公元前323年，版图很大的亚历山大帝国的军事统帅亚历山大大帝(Alexander the Great)病故。此后不久，亚历山大帝国被他的部将瓜分，其中建立于埃及的托勒密王朝的执政者十分重视科学，花巨资在首都亚历山大城建立了包括图书馆和天文台在内的研究院式学府，许多希腊学者来此专心致志地进行研究，于是形成了古希腊天文学中著名的亚历山大学派。王朝的执政者既保障学者们优厚的待遇和良好的生活条件，又不干涉学者们的研究内容和方法，让他们充分享受学术研究的自由，因此该学派的研究成果十分丰硕。亚历山大学派一直延续到公元2世纪的托勒攻时期。

亚历山大学派早期的杰出代表是阿利斯塔克(Aristarchus)，公元前310年前后他生于爱琴海东侧的萨摩斯岛，约公元前230年去世。他是最早提出日心地动说的人，因而被恩格斯(Friedrich Engels)称为"古代的哥白尼"。他的著作大多已失传，仅存《论日月的大小和距离》一文传世。该文的思路主要可归纳为如下3点：

(1) 在月球上弦或下弦时，测量从地球看月球和看太阳这两条视线之间的张角，求得日地与月地两者的距离之比(图1-5)。阿利斯塔克当时已认识到，月球本身并不发光，它只因被太阳光照射而发

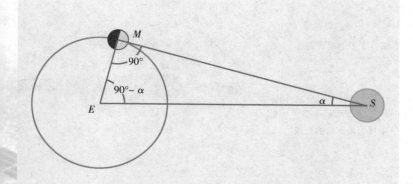

图1-5　测量日地距离与月地距离之比。图中S为太阳的中心，E为地球的中心，M为上弦或下弦时的月球中心。月球处于上弦或下弦时，△EMS为直角三角形，于是只要测得∠MES，便可求得比值ES/EM

亮。因此在上弦或下弦时，月球上被太阳照亮与未被太阳照亮的明暗分界线和观测者的视线方向在同一平面上，即此时∠EMS为直角。于是在直角△EMS中，若能定出∠MES，便可求得ES/EM，即日地距离与月地距离之比。

（2）由日地距离与月地距离之比求日、月的大小之比（图1-6）。

图1-6　由日地距离与月地距离之比求日、月的大小之比。图中A为观测者，C为月球中心，E为太阳中心

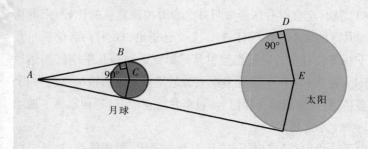

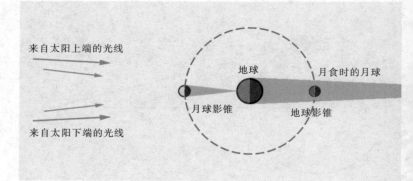

来自太阳上端的光线

地球　　　　月食时的月球

月球影锥　　　　　地球影锥

来自太阳下端的光线

图1-7　通过对月球影锥与地球影锥的比较，推算地球与月球的直径之比。日全食时，经过月地这段距离，月球影锥几乎已缩小到零，即正好缩小一个月球直径。据此可近似认为，月全食时，地球影锥到达月球轨道时也缩小一个月球直径。于是，若通过月全食观测，求得月球轨道处的地球影锥宽度，则地球直径等于此地球影锥宽度再加一个月球直径

日、月两者的视角直径几乎是相等的，因此在日全食时，地球上的观测者看到月球圆面几乎正好挡住太阳圆面。于是从图1-6中可以得知，日全食时，观测者从A点看月面边缘和日面边缘的视线分别与月球和太阳相交于B点和D点，由于△ABC和△ADE为相似三角形，DE/BC=AE/AC，所以日、月的大小之比就等于日地距离和月地距离之比，而日地距离和月地距离之比已从上述思路(1)中求得。这里，我们忽略了位于地球表面的观测者与地球中心之间位置上的微小差异。

(3) 从日全食时月球影锥与月全食时地球影锥的比较，来推算地球与月球的大小之比(图1-7)。上文已指出，日、月两者的视角直径几乎相等，日全食时日光照射月球影锥的顶端几乎刚好到达地面。于是，在图1-7中，若月全食时月球轨道处地球影锥的宽度为n个月球直径，则可知地球直径约为n+1个月球直径。这样便求得了地球与月球的大小之比。

由于从思路(2)求出了日、月的大小之比，而从思路(3)又得

了月、地大小之比,于是两者结合起来,便求得了日、月、地三者的大小之比,或者说求得了以地球直径为单位的日、月的大小。

阿利斯塔克的方法十分巧妙,思路也很严谨。当时三角学尚未诞生,还不能使用简单的三角公式求出结果。在他的《论日月的大小和距离》一文中,他使用的是几何学方法,从6条假设出发,经过18个命题的严格运算才获得结果,这更是难能可贵。但不幸的是,他的观测数据误差太大,例如月球上下弦时,从地球看太阳的视线与看月球的视线之间的张角实际上只比一个直角小10′,即图1–5中的 α 角仅为10′,而他当时测得的值却是3°,整整大了18倍,结果导致测量结果与实际情况相距甚远。尽管如此,他还是知道了太阳远比地球大得多,并认为硕大的太阳不应当绕小小的地球运转,这也许正是他提出日心地动说的重要原因。

上文所述的阿利斯塔克对日、月大小的测定,都是以地球的直径为单位的。那么地球本身究竟有多大呢? 这个问题是在阿利斯塔克之后约1/3个世纪,由亚历山大学派的另一位学者埃拉托色尼(Eratosthenes)解决的。埃拉托色尼发现,在塞恩城(今埃及阿斯旺),夏至这一天的正午时,阳光可以直射井底,而在其正北方向上的亚历山大城,当天正午时太阳与天顶方向却存在7.2°的倾角(图1–8)。他认为,太阳离地球很远,照到塞恩城与亚历山大城两地的阳光实际上是平行的,因此这一倾角应该等于两地相对于地心 O 的张角,即 $\angle SOA = 7.2°$(图1–9)。

于是地球的周长与 $\overset{\frown}{SA}$ 之比等于360°/7.2°,即为50。在古代,要测量 $\overset{\frown}{SA}$ 即亚历山大城与塞恩城的距离并不容易。埃拉托色尼当时被皇室任命为亚历山大图书馆馆长,手中有一笔经费。他雇了几个专门的步行者,从亚历山大城走到塞恩城,边走边计算步数,还定出了这些步行者的平均步长,结果求得两地距离为5000希腊里,因此算出地球的周长为25万希腊里。近代有人经过研究,推得1希腊里等于158.5米,于是可算出埃拉托色尼求得的地球周长为39 625千米。这

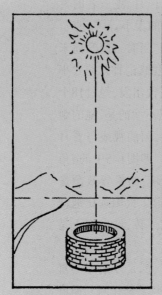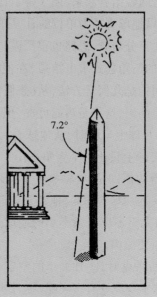

图1-8 夏至正午时,塞恩城与亚历山大城太阳的照射情况不同。(左)在塞恩城,太阳正好直射井底;(右)在亚历山大城,太阳将一直立标竿投射出短短的影子,通过测量标竿高度与影子长度,可求得太阳与天顶方向存在7.2°的倾角

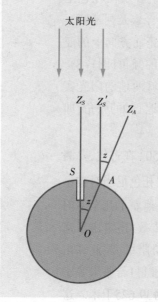

与当今测量的数据十分接近。

　埃拉托色尼的上述测量,方法巧妙,原理简明,计算又很简单。在公元前3世纪下半叶,许多其他古代文明民族还认为天圆地方,主张天与地的距离很有限（因而太阳射向大地上不同地方的光不可能是平行光）的时候,他就能作出这样的测量,其逻辑思维和逻辑推理方法的严密性确实令人赞叹。另一方面,也应该看到,埃拉

图1-9 埃拉托色尼测定地球大小的原理示意图。图中S为塞恩城,Z_S为塞恩城的天顶方向;A为亚历山大城,Z_A为亚历山大城的天顶方向。他认为,照到塞恩城与亚历山大城的太阳光是平行的,即A处的阳光方向$Z_S'A$与Z_SS平行,于是从图中可得$\angle SOA = \angle Z_S'AZ_A = 7.2°$

托色尼当时假定,亚历山大城与塞恩城处在正南北方向,即在同一子午线上,这是这项测量的基本出发点。实际上,现在得知两地的经度相差3°,因而有人认为,埃拉托色尼的数据中也可能有几种测量误差——包括步行者平均步长数据的误差等,但这些误差正好被互相抵消了。

古希腊亚历山大学派的另一位杰出代表是依巴谷(Hipparchus,图1-10)。他生于公元前2世纪初,卒于公元前127年之后,曾长期在罗得岛和亚历山大城从事天文观测,也写过许多天文学著作。可惜的是,这些著作绝大部分都已散失,人们对他的科学贡献大多是从托勒玫的名著《天文学大成》中获悉的。他编制了一部原始的三角函数表,是三角学的奠基者,也是将三角方法应用于天文学的创始人。在推算日、月的距离和大小方面,他出版过一部两卷本的专著《论大小和距离》。据托勒玫在《天文学大成》中记载,在这部书的第一卷中,依巴谷根据一次日食观测推算出月球离地球的距离。这次日食从赫勒斯滂(今土耳其达达尼尔海峡)看去是全食,但从亚历山大城看去则是食甚时掩去日轮直径4/5的偏食。如果近似认为两地在同一条子午线上,且日食恰好发生在正午,他求得月地距离为地球半径的71倍。若日食不是发生在正午,所推得的月地距离会更大,其上限达地球半径的83倍。

图 1-10 希腊发行的纪念天文学家依巴谷的邮票

在《论大小和距离》的第二卷中,依巴谷还提出了另一套方法来计算月地距离,结果得到此值为地球半径的59倍至67⅓倍,比上面使用日食观测方法获得的结果更准确。

另外,据生活在公元130

图1-11 古希腊天文学家、数学家、地理学家托勒玫

年前后的数学家兼天文学家士麦那的塞翁(Theon of Smyrna)记载,依巴谷由实测资料推算出太阳体积是地球的1880倍,地球体积是月球的27倍。若果真如此,根据依巴谷所采用的几何学和三角学运算方法,可推算出他认为的太阳半径是地球半径的$12\frac{1}{8}$倍,月球半径是地球半径的$\frac{1}{3}$倍,日地距离是地球半径的2500倍,月地距离是地球半径的$60\frac{1}{2}$倍。这也许是他晚年提出的最终结果。在这4个值中,月地距离与今测值十分接近,月球半径的值误差也不太大。总之,依巴谷运用古希腊的几何学方法和他所开创的三角学运算技巧,已采用多种方法对日、月的大小和距离进行了研究,而且取得了不俗的成果。

亚历山大学派的最后一位杰出代表是生活于公元2世纪的托勒玫(Ptolemy,图1-11),他本人虽然已是罗马帝国的公民,但在学术上却是古希腊科学的继承者。他最大的贡献是集古希腊天文学之大成,出版了巨著《天文学大成》(一译《至大论》),提出了著名的托勒玫地心说。

在对月球的观测方面,他和他的希腊前辈依巴谷等人一样,开展了月地距离等方面的测定工作。他提出了如图1-12的测量方法来求月地距离(以地球半径为单位)。这种方法似乎相当麻烦,特别是要寻找月球过子午线时正好位于天顶的观测点A是相当困难的。例如,当B点选在亚历山大城中的天文台时,与B点位于同一子午线上的A点很可能在荒凉之地,甚至在崇山峻岭的悬崖上或江、河、湖泊的水面上,根本无法到那里去观测。然而,此法的巧妙之处恰恰在于

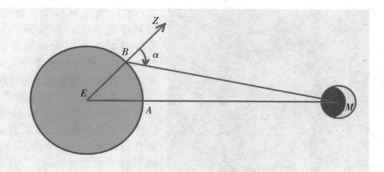

图1-12　托勒玫测量月地距离的原理示意图。图中B与A是位于地球上正南北方向，即在同一子午线上的两个观测地点，M为月球的中心，E为地球的中心。当A点的观测者看到月球位于天顶时，B点的观测者可以测得月球方向BM与天顶方向BZ之间的夹角α，于是∠EBM=180°- α。再求出A、B两观测点对地球中心E的张角∠BEA，于是△BEM就被唯一地确定下来，月地距离EM（以地球半径EB为单位）便可求得

只需要在B点进行观测，而无需去A点。因为从B点观测月球，测出它在天球上的坐标后，在同一时间观测月球到达天顶的A点便可通过天文计算获得。特别是这项计算中还可以算出A点的地理纬度，若通过实测也求得了观测点B的地理纬度，两处地理纬度的差值正好等于图1-12中的∠BEA，而该图中α角的值依然可以通过在B点观测月球时定出，因此该图中△BEM便可被唯一确定，月地距离EM与地球半径EB之比就可求出。

　　托勒玫采用上面这种方法，求得月地距离是地球半径的59倍，与今测值60.3倍很接近。

望远镜中的月球观测

　　1608年的一天，荷兰眼镜商里帕席(Hans Lippershey)因外出有事，将店铺交给他的学徒看管。这位学徒趁师傅不在，两手一近一远各拿一片透镜，眼睛对着它们窥看远方景物，突然发现教堂尖顶上

图1-13　意大利科学家伽利略。伽利略开创了以实验事实为依据并具有严密逻辑体系的近代自然科学。他在物理学和天文学方面的贡献尤为突出。在物理学方面，他发现了自由落体定律，研究了物体的惯性运动,提出了惯性参照系的概念,还提出了运动合成的见解。在天文学方面，他创制了天文望远镜,开创了望远镜天文学

的风标变得又大又清楚。里帕席回家后，学徒就把这一奇事告诉他。里帕席认识到这是一个重要发现，于是据此制成了一具原始的望远镜，并兴高采烈地将它献给荷兰最高行政长官。后者认为它在海战中很有用处,于是给里帕席一大笔钱,命令他为荷兰海军生产望远镜。里帕席的邻居、眼镜制造者简森(Zacharias Janssen)得悉此事后,声称他早在1604年就制成了一架望远镜。这也许是事实,但简森除用它来观看远方物体聊以自娱外,并未做其他任何事情,里帕席却因向上呈报和奉命批量生产而使这一发明广为传播。因此,人们往往说望远镜是里帕席在1608年发明的。

　　人们开始只是把望远镜当作日常生活中或军事上的新鲜工具。只有当杰出的意大利科学家伽利略率先将它用来观测天体以后,才使人类的天文观测产生了划时代的变化,开创了人类天文学研究的新纪元。

　　伽利略姓伽利列，全名应为伽利略·伽利列 (Galieo Galilei,图1-13),但人们往往直接用他的名伽利略称呼之。1564年2月15日,他生于意大利比萨一个羊毛商的家庭中。1581年进入比萨大学学医,但主要兴趣在数学和物理学方面。1585年因家境贫困未获学位离开

比萨大学,此后一面做家庭教师一面努力自学数学和物理学,很快通晓了当时这两个领域的知识。1589年任比萨大学数学讲座的教授。1592年赴威尼斯任帕多瓦大学数学教授,由此进入了他科学生涯中最富成果的黄金时期。1609年,他听说有个荷兰人在一年前发明了望远镜,经过一番钻研,他用买来的透镜制成一架口径4厘米、放大率仅3倍的望远镜。接着,他研制了一架放大率约8倍的望远镜,后来又制成一架口径为4.4厘米、镜筒长1.2米、放大率为33倍的望远镜(图1-14)。

1609年12月下旬,伽利略首先用望远镜观看月球,他发现皎洁的明月竟然到处坑坑洼洼,既有大块较暗的平坦区域(伽利略误认为它们是水域,后来被称为"海"),也有不少陡峭的山脉和无数像地面上火山口那样的环形山。

伽利略研制的望远镜,存在着色差等多种缺陷,可以说比当今商店中出售的廉价玩具望远镜好不了多少。但他凭借十分认真、仔细的观测,还是取得了许多成果。例如,他对在月面上看到的"小斑点"(指环形山)这样写道:

"我注意到刚才提到的那些小斑点总是具有如下共同特点,即在任何情况下靠近太阳的那一边是

图1-14　伽利略装在同一支架上的两架望远镜。其中每个镜筒是一架望远镜,镜筒的前端(上端)装有物镜,后端(下端)装有目镜。人眼在目镜端观测。两架望远镜中镜筒较长的那一架口径为4.4厘米,长1.2米,放大率为33倍

图1-15　伽利略手绘的一幅月面图。这幅月面图刊于1610年他出版的《星星的使者》一书中。图的左侧是未被阳光照亮的部分，右侧被阳光照亮的部分中可以看到明亮的山脉和暗黑的"海"。明暗交界线附近有多个环形山

黑暗的，而离开太阳的那一边有较明亮的边界，就好像它们是由闪闪发光的顶冠装饰起来似的。这十分类似于地球上日出时的情景，当我们观看尚未被阳光照耀的山谷时，对着太阳环绕它们的那些山上，早已是阳光灿烂。当太阳越升越高时，峡谷中的阴影便越来越小。月球上的那些斑点也是如此，随着明亮部分越来越大，黑暗部分便逐渐消失。"

　　他还仔细观测了月面上的山脉，并用测量山峰影子长度的方法来推算山峰的高度。根据对月面特征的观测，他绘制了多幅月面图，图1-15便是其中最著名的一幅。

　　在对月球进行开创性的观测之后，伽利略继续用望远镜观测其他天体，1609~1612年又作出了许多重大的天文发现。他发现：天上的恒星远比肉眼直接看到的要多得多，大量十分暗弱的恒星只有用望远镜才能看到；银河这条天上的"光带"实际上是由大量暗弱的恒星组成的；木星有4颗卫星在不断绕着它转动；金星存在着大小和位相的变化；巨大的太阳竟以大约25天的周期在不断绕轴自转……

　　伽利略开创性地使用望远镜观测月球以及许多其他天体，意义十分深远。它在天文学中开创了一个全新的时代，从此以后，人们逐渐摒弃了使用古典天文仪器的天文观测，而进入望远镜天文学即用

望远镜观测天体的新时代。望远镜大大提高了人们分辨天体细节的能力,也为天体位置测量精度的提高奠定了基础。望远镜也极大地提高了人类看到暗弱恒星和其他暗弱天体的能力。现代大型天文望远镜是洞察宇宙的巨眼,它们揭示了无数宇宙的奥秘。然而,不论是1948年美国帕洛马山天文台建成的口径5米的海尔望远镜（图1-16）,还是1992年美国夏威夷莫拉克亚天文台用36块直径1.8米的六角形镜面组合而成的、等效口径为10米的凯克望远镜,乃至1990年美国用航天飞机发送至太空的哈勃空间望远镜(图1-17),都是在伽利略最初的4.4厘米口径的天文望远镜的基础上发展起来的。

　　在伽利略那个时代,哥白尼(Nicolaus Copernicus)创立的日心体系问世仅半个多世纪。当时,以罗马教皇为首的天主教教会发现,古希腊学者亚里士多德(Aristotle)的哲学和托勒玫地心体系可以为他

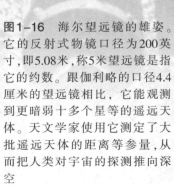

图1-16　海尔望远镜的雄姿。它的反射式物镜口径为200英寸,即5.08米,称5米望远镜是指它的约数。跟伽利略的口径4.4厘米的望远镜相比,它能观测到更暗弱十多个星等的遥远天体。天文学家使用它测定了大批遥远天体的距离等参量,从而把人类对宇宙的探测推向深空

们所利用,因而将两者奉为钦定的"真理";而哥白尼日心体系不利于他们愚弄民众的精神统治,便千方百计地否定它,扼杀它。然而,伽利略用望远镜对月球和其他天体作出的发现却给哥白尼日心体系提供了许多有力的证据,同时给亚里士多德哲学和托勒玫地心体系以沉重的一击。例如,按照亚里士多德的观点,天上的东西和地上的东西截然不同,前者是完美无瑕的、永恒的和不生不灭的,后者则是不完美的、短暂的和可生可灭的,但伽利略却发现作为天体之一的月球,其表面到处高低不平,是一个极不完美的世界;按照托勒玫地心体系,地球位于宇宙中心,所有天体都在绕地球转动,但伽利略却发现木星有四颗卫星在绕着它转动;伽利略发现金星存在着大小和位相的变化,这种变化用托勒玫地心体系根本解释不了,但用哥白尼日心体系却可以作出圆满的解释……

1610年秋,伽利略离开威尼斯回到家乡佛罗伦萨大公国任宫廷数学家兼比萨大学数学教授,并于1632年出版了《关于托勒玫和哥白尼两大世界体系的对话》一书(图1-18)。书中3位主人公萨尔维阿蒂(Salviati,伽利略的化身)、沙格莱陀(Sagredo,伽利略的朋友)和辛普利邱(Simplicio,托勒玫地心体系的追随

图1-17　哈勃空间望远镜的照片。该望远镜主镜的口径为2.4米,在离地500千米的绕地轨道上进行天文观测。由于没有地球大气的影响,它能观测到地面大型望远镜难以发现的暗弱天体,且清晰度极佳

者)进行了4天的对话。对话中伽利略借萨尔维阿蒂之口,全面展示了自己的力学研究新成果和望远镜观测的新发现,论述了日心体系的正确和地心体系的谬误。由于这部书内容精彩,且不是用学者们常用的拉丁文而是用意大利文写的,一般民众易于读懂,因此出版后十分畅销,影响很大。这引起了教会的恐慌,教皇下令将此书列为禁书,立即禁止发行。年已古稀的伽利略还被传唤到罗马接受宗教法庭审讯。在教会的淫威下, 他被迫在悔罪书上签字,被判处终身监禁。

图1-18　《关于托勒玫和哥白尼两大世界体系的对话》一书的卷首插图,图中3位主人公正在进行热烈的对话

　　然而,教会的倒行逆施并不能阻挡伽利略所开创的望远镜天文学的发展。在17世纪中叶之前,许多欧洲人开始用望远镜观测天体。在月球观测方面,当时最流行的一项工作是月面图的描绘。1645年,意大利神父、在比利时从事天文观测的莱依塔(Anton Maria Schyrlaeus de Rheita)率先刊布了一幅直径18厘米的月面图(图1-19)。他当时观测月球时,使用的是开普勒(Johannes Kepler)提出的望远镜系统,其目镜不再是伽利略望远镜中所用的凹透镜,而是凸透镜,所成的像不再是正像,而是倒像。因此,这幅月面图是第一幅把月球南部作为上端的月面图。

　　1644年,波兰天文学家赫维留斯(Johannes Hevelius)在自己住宅的顶楼盖了一座私人天文台,使用一架长3.6米、放大率为50倍的小型折射望远镜描绘月面图。1647年,他在自己出版的《月面图》一

图1-19 赖塔绘制的月面图。图中阴影部分是月面上的"海",而上端(月面南部)一个十分醒目的环形山(现在称第谷环形山)和它的辐射纹绘制得十分清晰

书中刊布了手绘的月面图(图1-20)。赫维留斯的月面图是现代天文学家公认的第一幅较详尽的月面图。他最早提出用地球上山脉的名字命名月球上的一些山脉,如阿尔卑斯山、亚平宁山等,这些名字沿用至今。他也对一些环形山进行了命名,但这些命名后人未继续采用。

1651年,意大利天文学家里希奥里(Giovanni Battista Riccioli)出版了《新至大论》一书。在该书中,他不仅刊布了自己绘制的月面图,而且提出了一种环形山的命名体系,即用著名

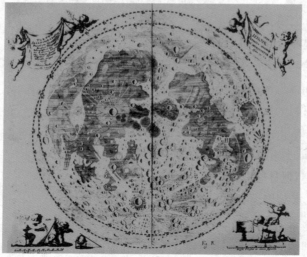

图1-20 赫维留斯手绘的月面图。图中大片较暗黑的区域是月面上的"海",而很多不同大小的圆形或椭圆形环圈则是月面上的环形山

图1-21　里希奥里命名的月面上的环形山（局部）。图中只刊出了部分月面环形山的命名。右上角有一环形山被命名为Copernic，即哥白尼环形山，而十分醒目的第谷环形山在本图范围之外

人物特别是天文学家的姓氏来命名环形山(图1-21)。他是著名天文学家第谷·布拉赫(Tycho Brahe)的崇拜者和第谷宇宙体系(该体系是介于托勒玫地心体系和哥白尼日心体系之间的一种折中体系，它认为水星、金星、火星、木星、土星绕太阳转动，而太阳又带着这五颗行星绕地球转动)的信奉者，因此月面上最醒目的环形山被命名为第谷环形山，该环形山在月球南半球的高原之上，是辐射纹系统的中心。里希奥里不赞成哥白尼日心体系，但又觉得不能不用哥白尼的姓氏命名一个环形山，他想"把哥白尼丢进风暴洋里去"，于是风暴洋里一个环形山便被命名为哥白尼环形山。他对伽利略也没有好感，于是将风暴洋边缘一个很不显眼的环形山命名为伽利略环形山。里希奥里提出的这套环形山命名法被后人继承了下来。他给环形山所作的命名有200个以上沿用至今。

　　在里希奥里之后，又有许多天文学家不断对月面进行越来越精密的观测，使月面图描绘工作取得了很大的进展。

逐步发展的月球照相

　　17~18世纪,许多人用望远镜观测月面结构物,并手绘月面图,这导致了研究月面上各种特征物的位置、命名、形态和构造规律等的分支学科——月面学的诞生。然而,人眼并不是理想和客观的辐射接受器,它往往会存在这样那样的错觉,带有相当严重的主观性。我们的日常生活中也不乏这样的例子,例如图1-22中的四条横线实际上是平行的,但人眼看去总觉得并不平行。对比17~18世纪出版的几本手绘月面图著作,可以看出不同作者所绘的月面图往往在细节上存在许多差异,这也是人眼的主观性造成的。那么,怎样才能获得更客观的月面图和某些月面结构物的特写图像呢? 19世纪30年代,一种被称为照相术的新技术问世了。

　　照相术的历史可追溯到1827年，法国艺术家尼普斯(Joseph Nicéphore Niépce,图1-23)制成了一架原始的针孔照相机,并将溶于拉文德(一种薰衣草)油中的土沥青涂在金属板上,制成了最原始的底片,然后将这种底片装入照相机的暗箱中,静止不动地对窗外景物连续曝光8小时。土沥青经长时间光照变硬,固定在金属板上,而未受光照的土沥青依然柔软，能被石油和拉文德油的混合物所溶去。结果他获得了有史以来第一张风景照(图1-24)。与尼普斯几乎

图1-22　人眼对四条横向平行线的错觉。图中四条横线实际上是平行的，但人眼看去往往觉得上面一对平行线两端相距较近,而下面一对平行线则中间相距较近

同时，法国另一位艺术家达盖尔（Louis Jacques Mandé Daguerre）也在进行类似的研究。1829年末，两人开始合作，但尼普斯不幸于1833年去世。达盖尔只得单独一人研究下去，并在几年后发明了一种银版照相术，即达盖尔照相术。这种照相术是用涂银的铜板在暗室中熏以碘蒸气，使银变为碘化银，制成照相用的底片。受光照时底片上的碘化银还原而析出银粒，未感光处则依然为碘化银。达盖尔照相术所需的曝光时间约30分钟，比尼普斯法大大缩短，所形成的影像也较清晰。有一天，达盖尔将感光后的底片放在暗室中，第二天他发现该底

图1-23　法国艺术家尼普斯

片影像格外清晰，原来在底片近旁有一蒸发水银之处。于是他以水银气充当显影剂，进一步改善了底片上的影像。1839年，这一发明被法国政府公诸于众。

　　起初，拍摄好的底片只能保存在暗室中，因为底片上未感光部分遇光还会变黑，最后底片将一片漆黑。1840年，英国天文学家约

图1-24　尼普斯拍摄的世界上第一张照片，曝光时间长达8小时。这张模糊不清的照片为人类带来了一个崭新的世界

翰·赫歇尔(John Herschel)建议用硫代硫酸钠(俗称海波或大苏打)来溶解底片上未感光的银盐,这就是所谓的"定影"。底片经定影后,影像就被固定下来了。不过,虽然影像被固定了下来,但却是负像,即受光最强处变得最黑, 未受光处因银盐被海波洗去而变得最白,这种影像与实际影物正好相反。1841年, 英国化学家塔尔博特(William Henry Fox Talbot)研究出一种接触印像系统,他用玻璃底片拍摄负像,获得所谓"负片",然后将它置于涂有氯化银的纸(最早的一种感光纸)上,使光透过底片照到它的上面,结果在感光纸上产生负像的负像,即成为与原来景物一样的正像。至此,达盖尔照相术的各个基本步骤都已完成了。

　　达盖尔照相术一问世,美国化学家约翰·德雷珀(John William Draper)就试图将它应用到天文观测中。1840年3月23日,他把碘化银底片装在口径7.6厘米的折射望远镜的焦平面上, 对准月球连续曝光20分钟。曝光过程中,他驱动望远镜的跟踪装置,使月球的像始终聚焦在底片的同一位置,结果获得了一张轮廓大体可以分辨的月球照片。尽管成像质量欠佳,但这是世界上第一张月球照片。到了1849年12月18日,美国哈佛大学天文台首任台长威廉·邦德(William Cranch Bond)也用达盖尔照相术拍摄月球。由于他使用的是一架口径38厘米的折射望远镜,聚光能力强,光学性能好,结果同样使用20分钟的曝光时间,却获得了一张像质极佳的月球照片。1851年,他的儿子乔治·邦德(George Phillips Bond)把这张照片带到当时在伦敦举办的第一届世界博览会上,引起了巨大的轰动。

　　达盖尔照相术的曝光时间还是太长了。1839年,德雷珀用这种照相术拍摄人像时,让他的妹妹用白粉涂脸一动不动地在阳光下站了7分钟,才获得了世界上第一张可以辨认的人像照片。这样的人像摄影对于被拍摄者来说简直是活受罪。使用这种照相术拍摄天体,其观测对象只能是太阳、月球和个别亮星,暗弱的星星根本拍摄不到。

　　攻克这一难题的是英国摄影师阿切尔（Frederick Scott Archer），他在1851年发明了一种称为珂珞酊湿片法的新的底片制作方法。珂珞酊是一种以酒精、乙醚混合物为溶剂的硝酸纤维素溶液，阿切尔将碘化镉、溴化镉等混合于这种珂珞酊溶液中，然后将这种混合物涂在玻璃上，当乙醚蒸发后，药膜便干燥了。在照相前，将这种玻璃片浸于硝酸银溶液中，使硝酸银漫布于整张玻璃片上，然后装入暗箱里。用这种湿片拍摄一般景物，曝光时间从达盖尔照相术所需的半小时缩短到10秒左右。

图1-25　英国化学家马多克斯

　　珂珞酊湿片的快速感光性能使它在此后20多年中风靡全世界。在月球观测方面，英国天文学家德拉鲁（Warren de La Rue）在1852年拍摄了十分清晰的月球照片，其曝光时间仅30秒。而对于比月球暗弱得多的星星，正是因为有了珂珞酊湿片法，拍摄它们才成为可能。

　　珂珞酊湿片也有它的缺点，它必须由摄影者在摄影之前临时制作，携带不便。此外，在拍摄需要很长曝光时间的暗弱天体时，湿片会逐渐干涸，感光能力大减甚至干脆丧失。

　　1871年，英国化学家马多克斯（Richard Leach Maddox，图1-25）发明了一种用明胶代替珂珞酊作为银化合物溶剂的方法。这种明胶是一种动物乳胶，将含银的化合物溶于这种乳胶中，再涂在玻璃板或软片片基上，在暗室中晾干，就成为干的底片。它携带方便，可以商业化生产，而且在长时间曝光中不会失效。

　　起初，明胶干片的感光速度不如珂珞酊湿片。后来不少人相继采取多种在暗室中敏化乳胶的办法。到了1880年，明胶干片的灵敏度已比珂珞酊湿片要高数十倍。用它拍摄普通景物，只需曝光几十分之一秒甚至百分之一秒。它也不会因长时间的曝光而失效，因此对暗弱天体的照相也就变得切实可行了。

　　早期的明胶干片只对蓝光敏感,红光几乎无法使它感光,这便是所谓的色盲片。1873年,德国化学家沃格尔(Hermann Wilhelm Vogel)设法在照相乳胶中加入某种有机染料,制成了对蓝光至红光的各种颜色的光都敏感的全色片。后来,还有人研制出对红外光也敏感的红外片。至此,改进明胶干片的一些关键步骤都已完成。

　　照相底片没有人眼存在的主观性的缺点,能客观地反映天体的真相;照相底片具有累积光的特性,长时间曝光可以拍摄很暗的天体;照相底片还可以长期保存,供以后仔细研究……这些都是照相

图1-26　美国叶凯士天文台
拍摄的上弦月照片

图1-27　美国帕洛马山天文台
拍摄的下弦月照片

方法明显胜过目视方法的优点。于是,从19世纪下半叶开始,照相方法被广泛用于天文学中。为此,在世界各国的天文台中,原先用肉眼观测的目视望远镜往往被改装成专门用于拍摄天体的照相望远镜。

1880年后,在对月球的观测方面,也都采用明胶干片来拍摄照片,用目视望远镜进行肉眼观测已经退居十分次要的地位。图1-26至图1-28是20世纪用明胶干片拍摄的3幅月面照片。

20世纪中叶,随着彩色摄影技术、遥控遥测技术和航天技术的发展,月球的照相观测又进入了一个新时代。

航天时代的月球探测

苏联科学家齐奥尔科夫斯基 (Константин Эдуардович Циолковский)有一句名言:"地球是人类的摇篮,但人类不会永远生活在摇篮里。"正是为了人类实现宇宙航行的愿望,他一生发表了450篇论文,解决了该领域的许多理论问题,因而被誉为"宇宙

图1-28 美国帕洛马山天文台拍摄的月球南部云海附近环形山密布区域的照片

图1-29 苏联科学家齐奥尔科夫斯基，生于1857年9月17日（俄国旧历9月5日），卒于1935年9月19月。他建立了著名的齐奥尔科夫斯基火箭公式，用它可以推算出火箭的最终速度。提出了用液体燃料工作的火箭发动机的构想，还提出了利用多级火箭飞离地球的构想。这些构想后来都成为现实

航行之父"（图1-29）。

在齐奥尔科夫斯基诞生100周年之际，苏联于1957年10月4日发射了世界上第一颗人造地球卫星——"卫星1号"（图1-30）。这一重大事件标志着人类跨入了宇宙航行的时代。

1959年1月2日，苏联利用"东方号"火箭成功发射了人类历史上第一个飞越月球的探测器"月球1号"。同年9月12日，苏联发射的"月球2号"探测器按计划实现了在月面上硬着陆（撞在月面上）；10月4日，苏联发射的"月球3号"探测器绕到月球背面，第一次成功拍摄了月球背面的照片，把在地球上始终看不到的月球背面展现在人们的面前。照片显示，月球背面多山，也有大量的环形山，但与月球正面不同的是，那里的"海"很少（图

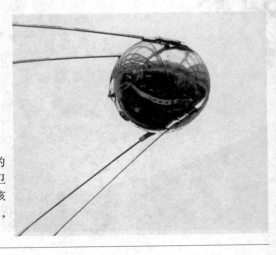

图1-30 苏联发射的第一颗人造地球卫星——"卫星1号"。该卫星的直径约56厘米，重约82千克

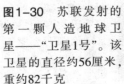

图1-31 "月球3号"探测器在距离月球65 200~68 400千米处拍摄到的月球背面照片。所拍摄的区域大部分属于月球背面，少部分属于月球正面的边缘区域。图中用罗马数字表示的是不同的"海"，用阿拉伯数字表示的是不同的山脉和环形山。本图是根据多张照片拼接而成的

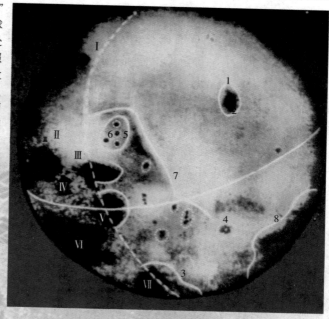

1-31）。

　　1961年4月12日，苏联又成功地发射了第一艘载人飞船"东方1号"，驾驶这一飞船的宇航员加加林(Юрий Алексеевич Гагарин)成为世界上第一个到太空旅行的人。当时，苏联还制定了对月球的无人探测计划，打算在此后10多年中，向月球发射一系列无人探测器，对月球进行自动化考察。

　　人类跨入宇航时代的开头几年，美国在人造卫星发射、月球探测和载人航天等方面一次又一次落后于苏联。这使美国人再也坐不住了。1961年5月25日，美国总统肯尼迪(John Fitzgerald Kennedy)在一次公开讲话中说："我们无法保证我们会领先，但确定无疑的是，不在这方面作出努力，我们肯定会更加落后。"接着他宣布，美国要在1970年以前把人送上月球并安全返回。这就是后来如期实现的"阿波罗计划"。

　　要在不足10年的短时间内实现这一宏伟目标,必须抢时间做许多准备工作。首先要确定登月方案,在对多种方案进行比较和讨论之后,最后确定采用"月球轨道会合"的方案(图1-32)。该方案的基本构想是:由指令舱和登月舱组成的宇宙飞船离开地球后进入飞向月球的轨道,抵达月球后先环绕月球转动,然后登月舱离开指令舱降落到月球表面,指令舱继续作环月飞行。宇航员完成登月探险后,驾驶登月舱离开月球表面与指令舱会合,进入指令舱后,将登月舱抛弃在环月飞行的轨道上,只驾驶指令舱返回地球。若指令舱发生故障,登月舱也可以单独返回地球。

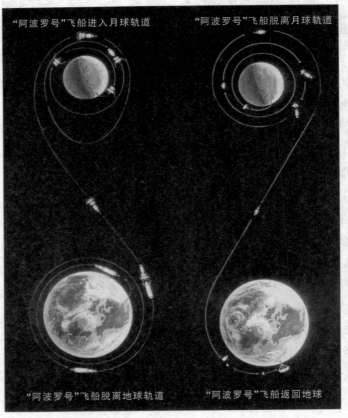

"阿波罗号"飞船进入月球轨道　　　　"阿波罗号"飞船脱离月球轨道

"阿波罗号"飞船脱离地球轨道　　　　"阿波罗号"飞船返回地球

图1-32 "月球轨道会合"登月方案示意图。左半图表示指令舱和登月舱在火箭的推动下飞向月球,然后进入绕月球转动的轨道,最后登月舱降落到月面上。右半图表示登月舱飞离月面并与指令舱对接,然后舍去登月舱,指令舱带着宇航员返回地球,最后降落在海面上

　　上述方案确定后,美国又用"徘徊者"、"勘测者"和"月球轨道器"3个系列的探测器进行各种准备工作,如拍摄大量高分辨率的月面照片、检验月面是否经得起登月舱登上月球,以及为登月舱寻找理想的着陆点等。

　　经过种种准备,主角"阿波罗号"飞船登场了。为了检验它的性能,1967年1月,"阿波罗3号"在肯尼迪角作发射排演,一切按正式发射程序进行,只是发射它的主体火箭未装燃料,整个排演过程中飞船并不升空。当3名宇航员进入座舱,关上舱门,各种仪表开始正常运转时,一场意外事故发生了。在注满纯氧的座舱中,一个短路或电火花造成满舱大火,里外都打不开舱门,3位宇航员全部丧生。这说明,飞船上的每一项设计甚至一个电线接头都关系着宇航员的生命。

　　这一事故使"阿波罗计划"耽搁了一年多。1968年10月到1969年5月,美国又进行了4次载人飞行试验。其中,"阿波罗7号"在环绕地球的轨道上飞行173圈;"阿波罗8号"下降到离月球表面约100千米处鸟瞰月面,其间拍摄的一幅地球照片(图1-33)被誉为20世纪最佳天体照片之一;"阿波罗9号"在绕地球的轨道上试验登月舱;"阿波罗10号"进行了环月飞行,并把登月舱下降到距月面15千米的高度为着陆做模拟试验。

　　上述4次载人飞行试验的圆满成功,为人类第一次

图1-33　一幅从月球处看地球的照片。有人误以为该照片是在月面上拍摄的,实际上它是1968年12月,"阿波罗8号"的宇航员在飞船航行中鸟瞰月面时抢拍的

图1-34 第一位踏上月面的宇航员阿姆斯特朗(上)和人类留在月面上的第一个脚印(下)

登月铺平了道路。1969年7月16日,美国发射了"阿波罗11号"。7月20日,两位宇航员驾驶形如甲壳虫的登月舱,离开绕月运转的指令舱降落到月球表面。当这次飞行的指令长阿姆斯特朗(Neil Alden Armstrong)第一个离开登月舱踏上月球表面时,他讲了一句颇有哲理的话:"对一个人来说,这是一小步,但对人类来说,却是跨了一大步。"这样,月球表面首次留下了人类的足迹(图1-34)。

在阿姆斯特朗之后,登月舱驾驶员奥尔德林(Edwin Eugene Aldrin)也登上了月球,并在荒凉的月面上漫步(图1-35)。他们两人还在月球上进行了许多考察活动。预定的任务完成后,他们驾驶登月舱返航,与驾驶指令舱正在绕月轨道上运行的宇航员柯林斯(Michael Collins)会合,然后抛弃登月舱,乘指令舱返回地球。

这以后至1972年12月,这样的登月又进行了6次,除"阿波罗13号"因发生事故中止登月,提前返回地球之外,其余5次("阿波罗12号"以及"阿波罗14号"至"阿波罗17号")都顺利完成了登月任务。6次成功的登月,12名宇航员在月面上进行了许多科学活动(图1-36),安装了很多仪器,如测震仪、激光反射镜、磁强计、离子探测器、X射线望远镜、γ射线频谱仪和紫外线频谱仪等,最后3次登月的宇航员还驾驶月球车(图1-37)在月面上巡行考察(图1-38)。6次登

图1-35　身穿太空服的奥尔德林在荒凉的月面上漫步

月期间,宇航员共采集月球土壤、月岩样品(图1-39)381.7千克,带回地球进行研究。

　　几乎与"阿波罗计划"实施的同时,苏联对月球的无人探测计划也取得了成功。1970年9月、1972年2月和1976年8月苏联相继发射"月球16号"、"月球20号"和"月球24号"无人探测器,收集着陆点附近的月球土壤样品带回地球。1970年11月和1973年1月先后发射"月

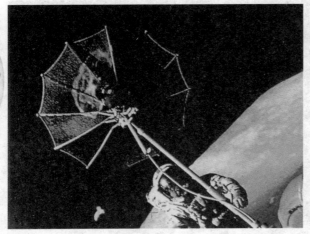

图1-36　1972年12月,"阿波罗17号"的宇航员正在调试月球车上的天线,使其指向地球,以便月球车在行进时,随时与地球进行通信联系

图1-37　1972年12月,"阿波罗17号"的宇航员在给月球车装上设备前,先对它进行驾驶测试

球17号"和"月球21号",它们携带的月球车分别在月面上自动行驶11个月和4个月之久,进行了许多无人考察活动。

"阿波罗计划"实施后,美国在航天技术和月球探测方面均已超过了苏联,成为竞争中"笑到最后"的胜利者。这以后,由于苏联在发展航天技术方面的过度投资对本国经济发展并没有明显的促进作用,已无力制定和实施超越美国的月球探测新计划。而美国,虽然实施"阿波罗计划"耗资256亿美元,但由于此后十分注意航天技术向民用技术的转化,推动了一大批高科技工业群体的兴起和发展,结果有力地推动了美国经济的快速发展。但是,由于当时美国的空间探测逐渐转移到空间站的建立,航天飞机的建造,以及对火星、木星、土星、天王星等天体的太阳系深空探测,于是在以"阿波罗计划"为标志的第一次月球探测高潮之后,出现了近20年月球探测的宁静期。

图1-38　1972年12月,"阿波罗17号"的宇航员正在考察一块月球巨岩,月球车停留在右方远处

图1-39　1971年7月,"阿波罗15号"的宇航员正在月面上采集岩石样品

　　20世纪80年代末以后,美国、俄罗斯、日本等航天大国和欧洲空间局相继提出了"重返月球"的宏伟计划,并已开始有所行动。特别是美国,已在1994年发射了"克莱门汀号"环绕月球探测器,对整个月球进行高精度的摄影测量,获得了整个月球的数字地图和地形图,部分地区的图像分辨率比以往的月球照片高出百倍以上,并发现月球极地很可能存在水冰。该探测器还用紫外摄像仪和近红外摄像仪首次对整个月球表面进行11个波段的扫描摄影,获得了许多极有价值的资料。1998年,美国又发射了"月球勘探者号"探测器,探测整个月球表面钛、铁、铀、钍和钾等元素的含量分布,且再次发现月球极地区域有可能存在水冰。日本也已在1990年发射了用于探测月地之间空间环境的"飞天号"探测器,该探测器还释放出一个月球轨道器进行环绕月球的探测。2007年9月14日,日本又发射了"月神号"月球卫星,用于环绕月球的探测工作。

　　除美国、日本、俄罗斯和欧洲空间局提出"重返月球"的计划外,印度、乌克兰等国也制定了用航天手段探测月球的详细计划。我国也制定并正在实施"嫦娥工程"月球探测计划。看来,使用航天手段探测月球的第二次高潮即将来临,人类将再次与月球实现"零距离接触"……

第二章　月球的运动

　　月球永不停息地绕地球公转,它的公转轨道变化多端。与此同时,它还始终跟随着地球绕太阳转动。月球这种复杂的运动对地球和我们人类有着十分深远的影响。例如,月球对地球赤道隆起部分的引力作用是造成地球自转轴在太空中进动的主要原因;月球公转轨道面倾角的不断变化造成了地球自转轴在太空中不断"晃动";月相圆缺的周期变化成了人们计量时间和编制历法的一个重要依据。本章将对月球的运动和上面几方面的影响作一概述。此外,月球的运动还是地球上潮起潮落的主要原因,也是日月食产生的根源。有关潮汐与日月食的知识将在第三章中介绍。

变化多端的轨道运动

　　正如第一章中所述,早在2000多年前,古希腊人就已设法测量月地距离。到了18世纪近代天体测量学问世后,人们设法使用望远镜更精确地测量月地距离, 即测量月球的地平视差。什么是地平视差呢?这需要先从三角视差法测量距离的原理说起。在图2-1中,一位在A

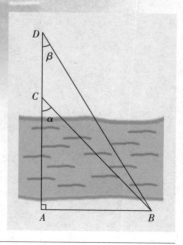

图2-1　三角视差法测量距离的原理示意图。AB为基线,A、C、D三点在同一直线上,且直线ACD垂直于AB,视差α或β的大小与距离AC或AD的长度有严格的对应性,离A点距离越远,对基线AB的视差就越小

点的测量者欲测量无法直接到达的*C*点和*D*点与*A*点间的距离,可在*A*点处设置一条垂直于直线*ACD*的基线*AB*,量出*AB*的长度之后,从*B*点观测*C*点和*D*点,求出∠*ABC*和∠*ABD*。于是α=∠*ACB*=90°−∠*ABC*便可以求得, α称为*C*点对基线*AB*的视差。类似的, β=∠*ADB*=90°−∠*ABD*也可以求得, β称为*D*点对基线*AB*的视差。而且在这种情况下, β一定小于α。推而广之,在*ACD*直线或其延长线上,离*A*点距离越远的点,对基线*AB*的视差越小。

月球的地平视差与上述情况很相似,在图2-2中,若月球中心*M*位于观测者*A*的地平线上,于是月球中心*M*对地球半径*R*的张角p_0称为月球的地平视差。

1752年,两位法国天文学家拉卡伊(Nicolas-Louis de Lacaille)和拉朗德(Joseph de Lalande)分别在南非好望角和德国柏林同时观测月球,首次用近代天体测量学的方法获得月球的地平视差为57′,与今测值57′3″相当接近。他们两人的测量结果相当于测得月地距离为60个地球半径。

上面所作的测量都是指月球位于地球平均距离时的情形,即使不是在月球位于平均距离时所作的测量,也要把数据归算到月地平均距离时的结果。

第二次世界大战后,雷达技术高度发展。1957年,人们成功地用雷达进行了月球测距,测得月球离地球的平均距离为384 402±1千米。

1969~1972年, 美国实施"阿波罗计划"时,登月的宇航员们在月面上共安放了5个后

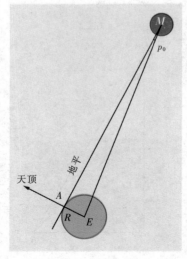

图2-2　月球的地平视差示意图。*M*为月球中心,它位于观测者*A*点的地平线上。*E*为地球中心, 地球半径*AE*垂直于*AM*,于是∠*AME*即p_0称为月球的地平视差

向反射器装置,通过地面发射激光照到这些反射器上,再接收其回波,这种激光测距方法使测量月地距离的精度达到厘米量级。在此基础上,再归算出月地平均距离。目前国际上采用的月地平均距离值为384 401千米。

实际上,精确地说,月球是在椭圆轨道上绕地月系统的质量中心转动,但由于地球的质量是月球的81.3倍,地月系统的质量中心就在地球球体之内,只是它已偏离了地球球心而已。所以,近似地说,认为月球在绕着地球转动也没错。

由于月球绕地球公转时,除地球对它的引力作用之外,还受到许多其他力的额外作用,如太阳对它施加的引力影响、地球赤道隆起部分对它的额外引力影响、行星特别是巨大的木星对它的引力影响,以及潮汐摩擦的影响等,使月球绕地球的轨道运动成为天体力学中最复杂的问题之一。概括说来,月球绕地球的轨道运动存在以下5方面的变化:

(1) 椭圆轨道的偏心率在变化。偏心率最小时为1/23,即约0.043;最大时为1/15,即约0.067。这使月地距离的变化比在偏心率恒定的情况下更为剧烈。于是,我们看到的月球角直径(地球处看月球直径的角大小)的变化也更加明显。月球的角直径最大时可达33′31″,最小时月球的角直径只有29′22″,即最小时的角直径只有最大时的0.88倍。图2-3显示了月球角直径最大时和最小时的情况。

图2-3 月球角直径最大时与最小时的比较。从两个"半月球"拼接处可以看出,月球角直径最小时比最大时约小1/8

（2）月地平均距离存在着长期变化。在月球对地球的潮汐摩擦使地球自转变慢的过程中，月球也在慢慢远离地球。根据激光测月的结果推算，月球正以每年3~4厘米的速度远离地球。这一数值看来不大，但长期积累还是很可观的。人们研究后认为，在远古的历史年代中，月球远离地球的效应还要更显著些，在40亿年前月球离地球只有约11万千米，不足今天的1/3。不过从长远来看，由于月球远离地球的速率会慢慢减小，故地月系统今后也不会瓦解。

（3）拱线旋转。月球轨道所在平面在天球上的投影称为白道。在白道面内，月球轨道的取向并不固定，而是存在着拱线的旋转。所谓拱线是指月球远地点与近地点的连线，即月球椭圆轨道的长轴。这条拱线的取向并非一成不变，而是在白道面内顺着月球公转的前进方向旋转，平均每8.85年旋转一周（图2-4）。第一章中已提到，中国汉代的贾逵发现月亮在天球上移动最快的一点（称"疾处"）每个月向前移动"三度"，这实际上便是拱线旋转的反映。

（4）轨道倾角在变化。月球轨道平面的空间取向也不是一成不变的，而是存在着变化。这种变化造成白道与黄道（即地球绕太阳公转的平面在天球上的投影）的交角在4°57′~5°19′之间变化，平均值为5°9′，变化的周期为173天。

（5）交点西退。白道与黄道有升交点和降交点两个交点，月球在天球上沿白道在恒星背景中穿行时，从黄道以南走向黄道以北的那个交点称升交点，另一个则为降交点。这两个交点在不断地沿着黄道西退，每18.6年退行一周。此种情况再与第（4）点轨道倾角的变化叠

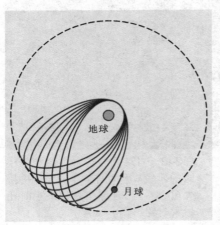

地球

月球

图2-4　月球轨道拱线的旋转，平均每隔8.85年在白道面内旋转一周

加在一起，就造成天球上白道与天赤道（地球的赤道平面向外延伸在天球上的投影，称为天赤道）的倾角在最大值28°45′与最小值-18°7′之间变化。这就是说，月球有时可能走到天赤道之北28°45′的地方，有时又有可能走到天赤道之南18°7′的地方。在北半球的中纬度地区，人们看到月球有时可以升到天顶（头顶正上方所对应的天球上的点）附近，有时又会在离地平线不远的正南方的天空出现，这正是由于白道与天赤道的交角有很大变动造成的。

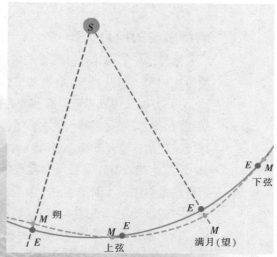

图2-5　月球与地球绕太阳转动轨道的比较。图中带有E（地球）小蓝圆的实线是地球的轨道，带有M（月球）小黄圆的虚线是月球的轨道。与地球的轨道类似，月球的轨道也永远凹向太阳（S）

　　从以上5方面的变化可以看出，月球的轨道运动确实十分复杂。然而，更复杂的是，月球不是孤立地绕地球作如此复杂的运动，它还必须紧跟地球绕着太阳转动。在大约365.25天中，地球在它的轨道上绕太阳转一圈时，月球得一面绕地球公转12.37圈，一面跟随地球绕太阳转一圈。由于日地距离是月地距离的389倍，从太空中的一位观测者看来，月球绕地球的公转似乎很难发觉，他只看到月球也在绕太阳转动，它绕太阳的轨道永远是凹向太阳的，其运动曲线只是在地球绕太阳的轨道内外有一点微小的摆动(图2-5)。

婀娜多姿的地月共舞

　　地月系中的地球与月球像一对情侣在跳舞,硕大的地球一方面用很大的引力拉住月球"小姐",使后者无法脱身,始终绕着自己转动;另一方面又用其赤道隆起部分的附加引力使月球"小姐"绕自己转动时"舞姿"变化多端。而月球"小姐"反过来又施很大的影响给地球"壮汉"的赤道隆起部分,使地球"壮汉"扭动着笨拙的身躯又"摇"又"晃",此处的"摇"是指很缓慢地绕一根固定轴线进动,而"晃"是指进动过程中又不断地绕一个瞬时的平均位置转动。下文所述的日月岁差和章动正是地球"壮汉"这两种"舞姿"的表现。

　　什么是日月岁差呢?太阳和月球的引力作用给地球的赤道隆起部分施加一种力矩,这种力矩有使地球赤道面向黄道面重合的趋势。但由于地球一刻不停地在自转,自转运动的惯性使赤道面与黄道面的夹角保持不变,而使地球自转轴作圆锥式的进动。这种进动

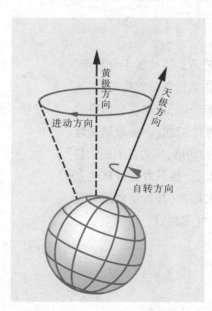

表现为地球自转轴缓慢地绕与黄道面垂直的黄极方向顺时针回转(图2-6),每2.6万年回转一周,平均每年进动约50″。这种由太阳和月球所引起的地球自转轴的长期进动称为日月岁差。天文学家通过研究指出,在日月岁差的成因中,月球的贡献远比太阳大,大约要占70%,太阳的贡献仅占30%左右。"娇小"的月球为何有如此大的力量呢? 这一方面是由于月球十分靠近地球, 另一方面是由于引起地

图2-6　地球自转轴进动示意图。图中地球自转轴指向的天极方向与黄极方向之间的交角等于黄赤交角,即23° 26′

球进动的力矩虽与作用天体的质量成正比,但却与作用天体和被作用天体之间距离的3次方成反比的缘故。

地球自转轴的上述进动类似于一个斜着自转的陀螺的进动。所以也可以说,地球就像是一个大陀螺。地球自转轴的进动造成星空中北天极位置的改变(图2-7)。

地球自转轴的进动还造成黄道与赤道的两个交点(春分点和秋分点)沿着黄道向西移动,每年移动50.24″,这叫作二分点的岁差。

图2-7 地球像一个大陀螺,它的进动造成了星空中北天极位置的改变。例如,现今地球自转轴向北指向北极星(小熊座α)。但到了公元13 000年,地球自转轴向北就指向织女星附近。到那时,织女星就变成了更加明亮的北极星了

早在公元前2世纪，古希腊天文学家依巴谷就发现了二分点的岁差。公元4世纪，中国晋代天文学家虞喜根据对冬至日恒星的中天观测，也独立地发现了岁差。他说："尧时冬至日短星昴，今二千七百余年，乃东壁中，则知每岁渐差之所至。"（《宋史·律历志》）岁差的名称就是根据这句话中"每岁渐差"四字演变而来的。1686~1687年，举世闻名的大科学家牛顿（Isaac Newton，图2-8）出版了科学名著《自然哲学的数学原理》（图2-9）。正是在该书中，他应用万有引力定律，率先指出岁差是由于太阳和月球对地球赤道隆起部分的引力造成的。

什么是章动呢？日月岁差使地球自转轴始终绕着与黄道垂直的南北黄极连线，以2.6万年的周期缓慢进动，但在这一过程中地球自转轴还会绕自身的平均位置转动，称为章动。其中最主要的一种章动是，地球自转轴以18.6年的周期，9.2″的振幅围绕自身的平均位置转动。结果人们看去，北天极走着一条波浪式的曲线（图2-10）。

图2-8　英国科学家牛顿，1642年12月25日生于英国林肯郡沃尔斯索普村，1727年3月20日在伦敦去世。他提出了二项式定理和流数理论（微积分）；建立了经典力学体系，实现了物理学发展中的首次大综合；在天文学上，他最重要的贡献是发现了万有引力定律

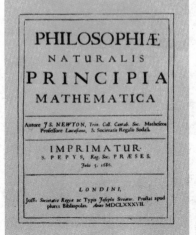

图2-9　《自然哲学的数学原理》一书扉页。该书第一版分三卷在1686～1687年间出齐。在该书第三编中，牛顿成功地解释了岁差和潮汐的成因

图2-10　日月岁差和章动示意图。上图:日月岁差表现为平均的北天极 P_0 以2.6万年的周期,沿顺时针方向绕黄极 K 转动,转动的曲线是一条平滑曲线。章动则表现为对该平滑曲线的上下波动。下图:章动可以用真北天极 P 绕平均北天极 P_0 的椭圆运动来表示。P 沿一小椭圆按顺时针方向运动,椭圆的半长轴(即振幅)为9.2″,周期为18.6年。这一接连不断的小椭圆运动与 P_0 绕北黄极 K 的平滑曲线运动结合起来,便形成了上图中的波浪式曲线运动

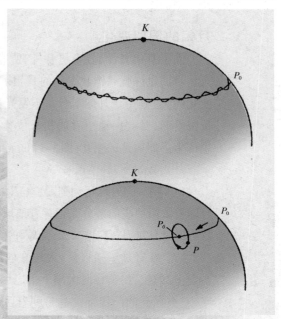

　　章动是由英国著名天文学家布拉德雷(James Bradley)率先发现的。他是英国皇家天文学家、格林尼治天文台第三任台长。1727年,他已认识到,月球轨道的升交点和降交点在以18.6年的周期沿黄道旋转,这会造成月球对地球赤道隆起部分的引力作用发生周期性变化,并会在地球自转轴的空间运动中反映出来。1727~1747年,他作了长达20年的天文观测,发现地球自转轴在绕黄极进动的过程中,确实又叠加了一种绕自身的平均位置旋转的椭圆运动,且其周期确实是18.6年,从而率先发现了章动,同时他还测出了章动的大小是9″~10″。

　　布拉德雷发现的章动是地球章动中最主要的一种,此外地球还有许多周期更短、振幅也更小的小章动,它们也叠加在日月岁差上,使地球自转轴的空间运动更加复杂。

月相的周期变化

除了日出日没、昼夜更替外,所有的天象中最频繁出现也最引人注目的也许就是圆缺变化的月相了。那么月球为什么会有圆缺的变化呢?这是由于月球本身并不发光,它只能反射太阳光;月球绕地球公转时,日、月、地三者的相对位置存在周期性的变化,因而月相也产生了周期性的变化(图2-11)。

月相有如下7种情况:

(1)朔　当月球运动到图2-11中1的位置,即太阳与地球之间时,月球被太阳照亮的部分完全背着地球,这种月相称为"朔",它出现在农历的每月初一。在这一天,月球和太阳几乎同时升起,同时下落。

(2)蛾眉月　朔以后,大约在农历初三或初四,月球运动到图2-11中2的位置,黄昏时太阳下落之后,蛾眉状的月球出现在西方天空,它被照亮的凸出部位总是朝着西边太阳下落的方位,这时的月相称为"蛾眉月"(图2-12)。

(3)上弦　当月球运动到图2-11中3的位置时,从地球看太阳和月球几乎构成直角,这时人们看到半个月球被太阳照亮,另外半

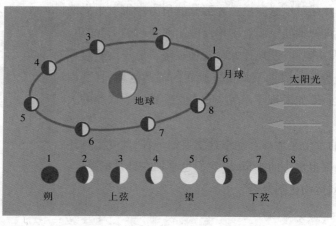

图2-11　月相变化示意图。图中月球绕地球转动的平面稍有倾斜,表示月球绕地球公转的轨道面(白道面)与地球绕太阳公转的轨道面(黄道面)之间有5°多的倾角

个未被照亮，称为上弦。这种月相大约出现在农历初八前后。对于北半球中纬度的人来说，太阳下山时，上弦月几乎位于天穹中南天的最高位置。

（4）望　当月球运动到图2-11中5的位置时，这时地球正好位于太阳和月球之间，人们看到整个月球都被太阳照亮，这时的月相称为"望"，又称"满月"。太阳西落时，满月往往刚好从东方升起。满月发生在农历每月的十五日或十六日（图2-13）。

（5）凸月　图2-11中的4与6，分别是上弦与望之间以及望与下弦之间的月相，以往统称为"凸月"。离满月日数不同时的凸月凸起的程度是不同的。而且，望之前的凸月尚未丰满的部分是月球的东边缘，而望之后的凸月则是其西边缘日益减少。近年来，人们又常将满月以前的凸月称为"盈凸月"（图2-14），而将满月之后的凸月称为

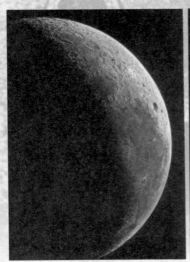

图2-12　用望远镜拍摄的一幅蛾眉月照片。如钩的蛾眉月和它上面的特征显得十分清晰

图2-13　一幅满月照片。用望远镜直接拍摄的满月照片不可能像本图那样清晰。这张照片是用上弦月（右）和下弦月（左）的照片合成的，它更清晰地显示了月面上众多环形山和"海"分布的立体效果

"亏凸月"，这一命名深刻地反映了月相变化中由盈转亏的过程，无疑是一种很科学的划分。

（6）下弦　当月球运动到图2-11中7的位置，即从地球上看月球与太阳再次构成直角时，月面被照亮的东半球为人们所见，它再次呈现为半个月球，这时的月相称为下弦。下弦月往往发生在农历每月的二十二日或二十三日，它于下半夜出现在东方天空中。

（7）残月　当月球运动到图2-11中8的位置时，月球再次呈现为蛾眉状，这时的月相称为"残月"。残月先于太阳露出东方地平线，且其突出部分朝向东方未升起的太阳（在5种月相的综合照片图2-15中，残月的照片位于左下端）。月球经过残月又将回到朔，再度进入新一轮的月相变化。

为了定量地表示月相，天文学家还引入了月龄的概念。月龄以日为单位，以每月朔的时刻定义月龄为0日，一个朔望月结束时的月龄取为29.5日。在这种情况下，上弦的月龄为7.4日，望的月龄为14.8日，下弦的月龄为22.1日。新月与残月，因它们到底对应于怎样形状的蛾眉月难以界定，因而不易给出它们的对应月龄。至于凸月，即使将它进一步划分为盈凸月和亏凸月，由于前者几乎可以取上弦以后、满月以前的所有月相，后者几乎可以取满月以后、下弦以前的所有月相，显然也无法与单一的月龄相对应。反之，如果给定了某日的月龄值，反而可以界定这一天处于怎样状态的盈凸月或亏凸月。

图2-14　一幅盈凸月的照片

月相周而复始的不断变

化,提供了一种称为朔望月的时间间隔。它是指从一次朔到下一次朔,或从一次望到下一次望的时间间隔。由于月球绕地球的运动以及地球绕太阳的运动都存在着不均匀性,因而朔望月的长度并非常量,它的平均值目前取为29.530 588日。公元2世纪末,东汉末年的刘洪在编制《乾象历》时,已将朔望月的长度定为29.530 54日;公元5世纪下半叶,南北朝时期的祖冲之在编制《大明历》时,则取朔望月的长度为29.530 59日。这说明,早在10多个世纪以前,我国已十分精确地定出了朔望月的平均长度。

　　朔望月实际上并不代表月球绕地球公转一周的真正周期,这从图2-16可以看出。当月球从M_1(望月)开始,绕地球公转到达M_2的位置时,月球相对于背景恒星而言已绕地球转了一圈,完成了它绕地球转动的一个恒星周期(称为恒星月)。但相对于太阳而言,月球还没有再次到达望的位置,只有等地球到达E_3,月球到达M_3的位置时,月球才完成一个朔望月的运动。所以从该图可以看出,朔望月必然比恒星月长。现已测得一个恒星月等于27.321 661日。

图2-15　一幅多种月相的综合照片。从右上到左下依次是蛾眉月、上弦、望、下弦和残月

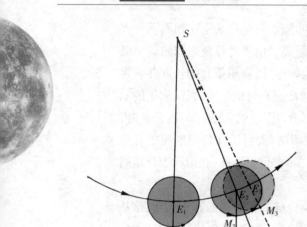

图2-16 朔望月与恒星月示意图。当地球从E_1到达E_2时，原先处于望月位置的月球M_1绕地球转一周后到达M_2点，E_1M_1与E_2M_2平行，即相对于背景恒星而言，月球正好完整地绕地球转了一圈，这称为经过了一个恒星月。但相对于太阳S而言，月球还没有再次到达望的位置，必须等地球运动到E_3，即地球再转过$\angle E_2SE_3$时，月球才再次到达望的位置M_3，这时才称为经历了一个朔望月

月相周期与历法

上文已介绍了朔望月与恒星月之间的区别。对于公众而言，朔望月远比恒星月重要，特别是在缺乏人工照明的古代更是如此。由于朔望月对古人来说特别重要，于是就产生了依据朔望月周期或兼顾朔望月周期而制定的两种历法，这就是历法中的阴历和阴阳合历。

阴历是仅依据朔望月周期而制定的历法。这种历法目前还通行于穆斯林世界，它就是只用于宗教活动的伊斯兰历(俗称回历)。这种历法将一年分为12个月，每逢奇数月为29日，而偶数月则为30日。在这样的安排下朔望月的周期仅为29.5日，与朔望月的平均周期29.530 588日有相当大的差距，若长时期沿用，这种历法将无法与月相对应。所以制历者又设法在30年中设立11个闰年，闰年在12月增加1日，为31日。这样一来，就与朔望月的平均周期符合得很好了。结果，伊斯兰历普通的年每月平均29.5日，一年12个月只有354日，而闰年则为355日。由于伊斯兰历一年的平均长度只有$354\frac{11}{30}$日，与一回归年的长度相差接近11日，于是每过大约17年，就要相差半年，若

图2-17　元朝天文学家郭守敬,是中国古代最著名的天文学家之一。金哀宗正大八年（1231年）生于邢台,元仁宗延佑三年（1316年）去世。32岁起在元朝为官,后来官至太史令。他创制了许多新式天文仪器,主持了"四海测验"（大规模的天文测量）,进而制定出新历法。至元十七年（1280年）,元世祖将新历定名《授时历》并颁行全国。《授时历》精度极高,包括明代采用的该历翻版《大统历》在内,该历在中国共使用了360多年之久。《授时历》所采用的回归年长度与300多年后问世的、现在国际通用的历法"格里历"相同。为纪念郭守敬的卓越贡献,月球背面的一座环形山以他的名字命名

原先在隆冬季节过年,17年后就变成在炎夏季节过年了。由于安排宗教节日的需要,伊斯兰历一直保留着。但是,为了农业生产等方面的需要,伊斯兰人也同时使用阳历。阳历是一种只考虑太阳回归年的长度,而不考虑朔望月周期的一种历法,例如目前世界各国通行的公历就是一种阳历。

阴阳合历是既要考虑太阳回归年的长度,又要兼顾朔望月周期的一种历法。我国目前还在使用的农历便是一种阴阳合历。有人说,中国的农历是一种阴历,这完全是一种误解。中国现行的农历是继承中国古代历法的产物。中国古代从殷商时起,3000多年来一直采用阴阳合历,它同时兼顾两个最基本的参数,即"岁实"和"朔策",前者就是回归年的长度,后者则是朔望月的长度。早在春秋战国时代所采用的《古四分历》就把岁实定为365.25日,朔策定为29.530 851日。到了元初,郭守敬(图2-17)则把前者定为365.242 5日,后者定为29.530 59日,他所制定的《授时历》的精度在当时是世界上最高的。为了既照顾到每月各天的安排与月相吻合,同时又能使年的平均长

度与回归年一致,中国古代采用的办法是每过几年安排一个有闰月的年。平常的年有12个月,大月30日,小月29日,大小月相间,偶而有连大月,一年为354至355日。有闰月的年增加一个朔望月,即增加29日或30日,结果一年有383~384日。只要将闰月的数量安排得当,就可以在一段较长时期内,使所编历法中年的平均长度与回归年的长度完全一致起来。如何来安插闰月呢?早期采取的是使用闰周的办法,例如在19年中设置7个闰月。后来则采用将无中气的月定为闰月的办法。

　　什么是无中气的月呢?这得从二十四气说起。二十四气是指立春、雨水、惊蛰、春分、清明、谷雨、立夏、小满、芒种、夏至、小暑、大暑、立秋、处暑、白露、秋分、寒露、霜降、立冬、小雪、大雪、冬至、小寒、大寒。这二十四气是根据太阳在黄道上所在的视位置定出来的,和农作物的播种、生长、收获的时节密切相关,是中国古代历法中地道的阳历成分。这二十四气之中,从第二个气雨水开始,每间隔一个列入,如雨水、春分、谷雨、小满、夏至……称为中气,而另外十二个,即立春、惊蛰、清明、立夏、芒种……称为节气。大体上说,每月应有一个中气和一个节气,但由于两气的平均时间间隔大于半个朔望月,所以可能出现一个月中只有一个气(节气或中气)的情况。从我国西汉时代起定出一条置闰法则,就是将没有中气的月份定为闰月,这一法则后来一直沿用下来,事实证明,这一置闰法是合理的、科学的,使用起来也较方便。现今的农历中依然使用这种置闰法。

　　辛亥革命后,我国从1912年起采用公历,但在农业生产中,沿用中国传统历法的农历依旧被广泛采用。即使在城市中,中秋节、春节等由农历所制定的传统节日也一样要过,可见农历的影响依然十分深远。但我们绝不要把阴阳合历的农历错当成阴历看待。

第三章　潮汐与日月食

　　月球的运动是地球上潮起潮落的主要原因,而潮起潮落所产生的摩擦作用又使地球自转在漫长的历史时期中逐渐变慢,从而使当今的地球以24小时一周的较慢速度进行自转。月球一方面对地球施加潮汐摩擦作用,另一方面自身又受到质量大得多的地球对它施加的更强烈的潮汐摩擦作用,这正是月球很早之前就以同一面朝向地球的原因。月球的运动也是地球上能见到日食和月食的根源。本章将对以上这些内容作较为详细的介绍。

随月盛衰话潮汐

　　生活在海边的人们,经常看到海水在周期性地上涨和下落。古人把白天出现的海水高涨称为"潮"(图3-1),晚上出现的海水高涨

图3-1　从这张涨潮的照片中,可看到滚滚潮水涌向岸边,海滩全都被淹没了

称为"汐",两者合起来便是"潮汐"。潮汐有涨潮和落潮之分:涨潮时,海水向岸边涌来,惊涛拍岸;落潮时,海水从岸边后退,沙滩毕露(图3-2)。大潮来临时,潮水涌进江河入海口,一旦遇到喇叭形的狭窄河道,卷起的波涛如万马奔腾,向上游滚滚涌去。涌潮所伴随的雷霆咆哮之声,可传到好几千米之外。我国的钱塘江大潮气势磅礴,闻名于世(图3-3)。

潮汐往往在一天中出现两次,每一次涨潮的平均时间间隔为12时25分,即两次合在一起的周期为24小时50分,与太阴日(月球连续两次通过观测者头顶上子午圈的时间间隔)的长度相同;而且,每月中大潮的出现又总是在月球的朔与望之后不久。据此,我国古代很早就有人推测潮汐与月球有关。公元1世纪,汉代哲学家王充就在所著的《论衡》一书中指出"涛之起也,随月盛衰",认为潮汐现象与月球的盈亏有关。7世纪后期至8世纪初期,唐代诗人张若虚也在其《春江花月夜》一诗中吟道:"春江潮水连海平,海上明月共潮生。"但是,率先对潮汐现象进行正确的科学阐释的则是大科学家牛顿。他在1687年出版的《自然哲学的数学原理》第三卷中,用万有引力定律剖析了潮汐是怎样产生的。

图3-2 这张落潮的照片与图3-1所示的是同一地方,落潮带来的水位下降使整个海滩暴露无遗

图3-3 壮观的钱塘江大潮。它犹如一道数米高的直立水墙向上游高速推进,还伴随着雷霆咆哮之声

　　潮汐的大小取决于日、月对海水的引潮力(又称起潮力)的大小,该引潮力便是日、月对地表一定质量的海水与对地心相同质量物质之间的引力之差。引潮力的大小虽然与引力一样,与施力天体的质量成正比, 但却与施力天体与受力天体之间距离的3次方成反比。在这种情况下,日、月对海水的引潮力究竟谁占主导地位呢?一方面,太阳的质量是月球的2706万倍,另一方面,日地距离又是月地距离的389倍。简单的计算表明,月球对海水的引潮力约为太阳的2.18倍,也就是说,月球在潮汐作用中占主导地位。

　　潮汐的大小实际上是月球引起的潮汐与太阳引起的潮汐的综合效果。因此,在一个朔望月中,日、月、地三者相对位置不同时,潮汐的大小就会发生变化,其极端情况分别称为大潮和小潮。月球处于朔和望的位置时,日、月、地三者几乎在同一直线上(但因黄道面与白道面之间有约5°的倾角,故朔望时日、月、地三者常会稍稍偏离一直线),日、月的引潮力互相叠加,于是沿着日、月方向上海水隆起得特别高,这时产生的潮便是大潮(图3-4);月球处于上弦和下弦的位置时,月地方向和日地方向几乎互相垂直,月球引潮力所产生的潮,部分被太阳引潮力所产生的潮所抵消,这时产生的潮特别小,故称为小潮(图3-4)。日、月、地三者在其他的相对位置时,所引起的潮处于上述两种极端情况之间。

图3-4中近似认为地球表面全都被海水包围,这是一种过于简化的假定。实际上,地球表面除了约70%的海洋外,还有约30%是大陆,它们的形状和分布毫无规则,海岸线弯弯曲曲,海底形状起伏不平,海水又有黏滞性,这些因素都阻碍着潮汐的传播,使涨潮的高度、时刻和持续时间等变得错综复杂。通常,每天高潮的到来,往往比月球通过子午线的时刻迟一小时至数小时;大潮也并非正好发生在每月的朔或望,而是要落后两三天。例如,我国著名的钱塘江大潮,不是发生在农历每月十五日(望),而是发生在农历每月十八日。

潮汐对许多海洋生物的生存和繁殖有深远影响。许多软体动物如牡蛎、贻贝和螺蛳之类,主要依赖潮汐而生存,因为潮流给它们带来自己无法去寻找的食物。有不少海洋生物的产卵期与潮汐变化密切相关,例如牡蛎产卵最多的日子常在大潮之际,日本海里的礁沙蚕在10月和11月的朔望后大潮来临之时产卵。美国加利福尼亚海边有一种银汉鱼(图3-5),它们繁殖后代的过程更加有趣:在每年3至8月满月后大潮来临时,银汉鱼被大潮的波浪带到沙滩的较高处,雌

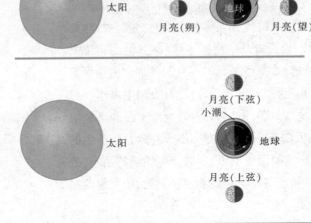

图3-4 近似地认为地球表面全都被海水所包围。上图表明,日、月所引起的引力潮互相加强,产生大潮;下图表明,月球所引起的潮,其中有一部分被太阳引起的潮所抵消,因而产生小潮

的排卵，雄的授精，于是将大量受精卵埋在沙中。这些受精卵乘此后每天涨潮的海水无法到达之际，在暖而湿的沙土中安然孵化10多天，变成被卵膜包围的幼鱼。半个月之后，朔日之后的大潮来临了，潮波再次升到沙滩较高处，并冲击鱼卵埋藏处，这些已孵化的鱼卵受到较冷海水的刺激，卵膜破裂，小鱼产出，被波浪带回海里。看来银汉鱼不仅能利用涨潮和落潮，还能利用大潮和小潮，它们完成繁殖后代的机制是何等巧妙呀！

图3-5　加利福尼亚海边的一种银汉鱼

　　潮汐蕴藏着巨大的能量，即潮汐能，可以为人类所利用。早在18世纪时，就出现了"潮汐磨坊"，利用潮汐能来推磨。到了20世纪，利用一定的设备，可将潮汐能转化为电能，使远在海边的人也能享受到月球为他们带来的"福利"。第一座潮汐电站建于1912年。1966年，法国在英吉利海峡边上的朗斯河口建成一座世界上最大的潮汐电站。电站大坝长750米，高12米，利用河口湾作为天然水库在涨潮时进行蓄水。该电站总装机容量为24万千瓦，每年能发出5.44亿千瓦时的电。我国在浙江省温岭市乐清湾内建成的江厦潮汐电站（图3-6）在世界上也名列前茅。该电站的蓄水库由670米长的黏土心墙堆石坝构成，1980年第一台机组发电并网，至1985年全面建成，总装机容量为3200千瓦，年发电量为1070万千瓦时。

　　日、月对地球大气和地壳也会产生潮汐作用，称为"大气潮"和

图3-6　我国于1985年建成的江厦潮汐电站

"固体潮"。但这两种潮远不如海洋潮明显，往往需要借助仪器才能测到，因而本书不作介绍。

潮汐是地球自转的"减慢闸"。地球自西向东绕其自转轴自转，每天自转一周。月球虽然也在自西向东绕地球公转，但其转动速度每天仅13°，约为一周天的1/28，月球引潮力所造成海水的潮汐隆起也以这样的速度运转。由于远远赶不上地球自西向东的自转速度，结果海水的潮汐隆起便在海上自东向西移动，即与地球自转相反的方向移动。它在行进过程中与海底不断摩擦，而地球的固体潮也由于地幔物质的黏滞性引起内摩擦，两者都在消耗地球自转的动能，使地球自转速度变慢，自转周期变长。根据现代的测定，日长每经过100年将增加0.001 8秒。这一数字看来很小，但若使用亿年的时间尺度来计算，其效应便十分可观。举例说，若近似地认为从4亿年前直至今日，地球自转一直在以这样的速率变慢，那么很快可以算出，4亿年前地球自转一周仅需22小时。古生物学家通过对古珊瑚化石生长线(化石表壁上的环脊)的研究，发现在3.7亿年前，每年约有400天。若认为地球绕太阳的公转周期不变（年长度不变），这表明，3.7亿年前地球自转一周只需21.9小时。看来，对古生物的研究结果与上面的简单推算相当吻合。地球和月球的历史都已长达45亿~46亿年，月球对地球的潮汐作用早在地球和月球诞生时就已经开始了。显然，在那个时候，地球的自转还要快得多。有人通过研究认为，大约在40亿年之前，地球自转一周所需的时间只要8小时。而在46亿年前地球刚诞生时，地球自转一周所需要的时间还要短,甚至有人认为地球刚诞生时,它的自转周期不足3小时。

在作为地球"减慢闸"的潮汐作用中,月球起主导作用,太阳只起次要作用。如果没有月球围绕地球公转,没有月球的潮汐作用,光靠太阳的潮汐作用,那么地球至今还在以比现在快得多的速度绕轴自转。有些科学家认为,在这种情况下,飓风、台风、地震、海啸等自然灾害会更频繁,其力度和破坏性也会更大。这种恶劣的自然环境很可能会延缓地球上生命进化的进程。地球上生命的起源可追溯到30多亿年前,而人类的历史只有约300万年,后者与前者相比只是短暂的"一瞬间"。因此,如果生命进化的进程被延缓,那么很可能现今地球上还没有人类诞生。

万古不变的"脸谱"

月球的位相虽然在不断变化,但月球这张"脸"似乎始终不变。月球处于满月时,我们看到月面上的主要特征如图3-7所示,这也就是月球的"脸谱"。在上弦和下弦时,尽管月面明暗交界线附近许多

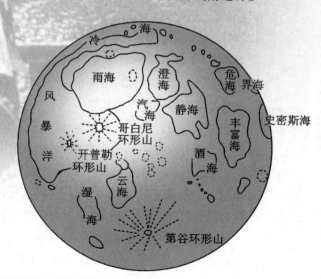

图3-7　月球满月时所显示的主要月海和环形山。其中第谷环形山和哥白尼环形山有十分明显的辐射纹向外伸展,这些特征也就是月球的"脸谱"

环形山更清楚地显现出来,我们见到的依然是上述"脸谱"的西半边和东半边,其主要特征并没有变。

月球的"脸谱"不变,是由于月球绕地球公转时,始终以同一面朝向地球,背面则始终对地球"隐而不露"。而这种情况则是由于月球的自转周期与其绕地球的公转周期正好相等造成的。

是什么原因导致月球的自转周期和它绕地球公转的周期正好相等呢?这是由地球对月球强大的潮汐作用造成的。月球刚诞生时,其表面很可能存在如熔岩流之类的流体;月球内部的物质分布也并不均匀,目前已探测到月球上一些地区存在质量瘤,质量瘤也叫质量密集体,是月球上密度高的物质密集区。月球上的质量瘤是通过航天器在飞过月球上空时,一些地区对航天器的吸引力异常增大而发现的。在其历史上质量瘤的物质分布很可能更不均匀。这些,都为地球对月球施加引潮力提供了条件。上文中已提到,引潮力与施加力的天体的质量成正比,而与距离的立方成反比。地球的质量是月球的81.3倍,因此地球对月球所施的引潮力便比月球对地球所施的引潮力大81.3倍。上文中也已提到,40亿年前,地球自转一周也许只需8小时, 至今其自转周期已大大加长。若月球一开始自转得相当快,但地球所施加的强大引潮力必然使月球上和月球内部产生巨大的潮汐作用,使月球的自转变慢,直至月球始终以同一面朝向地球为止(图3-8)。可以算出,早在很多亿年前,地球巨大的引潮力已使得月球始终以同一面朝向地球了。

然而,"月球以同一面朝向地球"只是一种近似的说法。由于月球的运动既复杂又不均匀,月球内部物质的分布也不均匀,月球的"脸"还在向我们作各种摆动,这就是所谓"月球的天平动"问题。对月球的长期观测表明,由于月球的多种天平动,月球的"脸"有41%始终面向我们,18%时隐时现,只有41%始终不为人们所见。

月球的天平动中最明显的一大类称为光学天平动,又称几何天平动或视天平动,是由月球相对于地球上的观测者作各种视摆动所引起的。光学天平动由以下3部分组成：

（1）经天平动　由于月球在椭圆轨道上绕位于该轨道一个焦点上的地球公转时，在近地点附近运动得快，远地点附近运动得慢，而月球的自转却是匀速的，这就造成月球在东西方向上相对于地球产生一种视摆动，使地球上的观测者有时看到月球背面的东边缘部分，有时又看到月球背面的西边缘部分。经天平动是月球几种天平动中最显著的，平均可达7°54′（图3-9）。

（2）纬天平动　月球自转轴的空间取向始终不变，但与该轴相垂直的月球赤道面并不与月球绕地球的公转轨道面即白道面相重合，而是有一个6°41′的交角。于是，月球绕地球公转时，人们有时可以看到它的南极地区，有时又可以看到它的北极地区，这种发生在纬度方向上的视摆动称纬天平动（图3-10）。纬天平动的大小约为6°41′。

（3）视差天平动　月球离地球距离较近，地球上不同经度和不

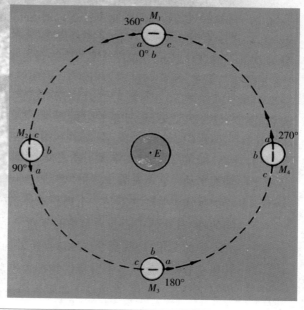

图3-8　月球以同一面朝向地球的原因示意图。图中半球abc代表月球的正面。当月球绕地球E从M₁相继公转到M₂、M₃、M₄并再回到M₁位置时，月球分别公转了90°、180°、270°和360°，但它也先后自转了90°、180°、270°和360°，结果它的正面始终朝向地球

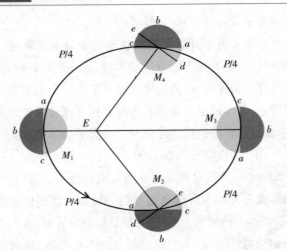

图3-9 月球的经天平动示意图。月球在近地点M_1和远地点M_3这两个位置时，地球E上的观测者无法看到月球的背面（图中用半球abc表示）；月球从近地点经过公转周期P的1/4时间后，到达M_2的位置，此时月球自转正好转过90°，但因它靠近近地点，公转速度快，从地球E看去，原先不可见的abc半球中，其西边缘弧ad部分变得可见了；反之，月球从远地点经过公转周期P的1/4时间后，到达M_4的位置，此时月球自转也转过90°，但因它靠近远地点，公转速度慢，于是从地球E看去，原先不可见的abc半球中，其东边缘弧ce部分变得可见了

同纬度的观测者观测它时会产生较大的视差效应，从而会看到月球边缘的不同部分。但视差天平动只有1°左右，远比经天平动和纬天平动要小。

除了上面3种光学天平动之外，月球还存在另一类天平动，称物理天平动。它不是看上去的"摆动"，而是月球本身在空间真正绕质心的晃动。月球并不是一个理想球体，它内部的物质分布存在着不均匀性，其几何中心与质量中心不重合，月球的赤道面又与白道面有一小的交角，这些都导致月球自转轴的空间指向有微小变化和自转速率有微小起伏。但月球的物理天平动所显示的量非常小，其幅度至多只有2′左右，在地球上能觉察的还不到1%，即大约只有1″。从

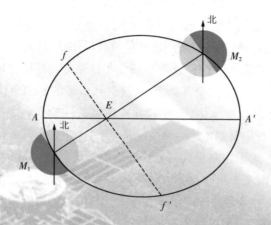

图3-10 月球的纬天平动示意图。图中AA′为月球公转轨道近地点与远地点的连线方向；ff′为月球的赤道平面与白道面的交线，当月球在f和f′点时，纬天平动等于零；而当月球位于与此交线相垂直的M₁和M₂的位置时，纬天平动的幅度最大。图中用箭头指向北方的是月球的自转轴，当月球位于M₁处时，它的北极部分为地球E处所见；月球位于M₂处时，它的南极部分为地球E处所见

数量上说，月球的物理天平动要比光学天平动小好几个数量级，因而在考虑总的天平动效应时往往可以忽略不计，但在精密的月球激光测距等工作中则必须考虑它的影响。

绚丽夺目的日食

朗朗蓝天，骄阳当空，太阳向四面八方喷吐万丈光焰。忽然，炫目的日轮被蒙上一块黑影。接着，黑影扩展，逐渐吞食了整个日轮，天空的亮度骤然下降上百万倍，犹如黑夜来临，群星显现，飞鸟归巢，走兽恐慌……这就是地面上发生日全食时的一幕景象。

实际上，日全食时，太阳并没有完全消失，原先光芒万丈的日轮

虽然被黑影挡住了,但在它的四周还可以看到白色的微弱光辉在向外延伸,这是平时用肉眼无法见到的,这就是太阳大气的最外层——日冕;此外,还可以看到桃红色的日珥(图3-11)。

　　日食除了日全食之外,还有日环食和日偏食。日环食是指日食发生后,日轮始终未被全部遮挡掉,被遮挡最多的时刻也仅仅是日轮中央绝大部分被遮住,而在其外侧还留有一圈明亮的光环(图3-12)。日环食中最罕见的一种情况是,当月面正好比日面稍小而发生日环食时,太阳中间极大部分被黑暗的月轮挡住,只留下日轮边缘薄薄的一圈光芒四射,就像"金项圈"或"珍珠项链"。这种极美丽的日环食称为"金环食"或"珍珠食"。至于日偏食,则指太阳圆面的一部分被遮住,留下大半个或小半个太阳依然发着光芒(图3-13)。地球上发生日全食或日环食时,在发生这两种日食的地区外侧,更多的人只能看到日偏食。下文中还会谈到,有时候地球上日全食和日环食都没有发生,只发生日偏食。

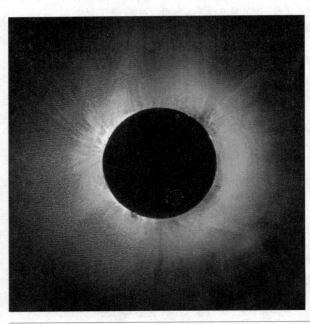

图3-11 日全食时所见到的日冕和日珥。这是1999年8月11日在欧洲拍摄到的一次日全食照片,被暗黑月轮挡住的日轮周围向外延伸的银白色或黄白色微弱光辉便是日冕,而日轮边缘桃红色的突出物便是日珥,它是位于太阳光球和日冕之间的色球层的向外抛射物

图3-12　一幅日环食的照片　　　图3-13　一幅太阳带着偏食下山的照片

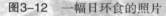

　　我国古代有世界上最早的日食记录。据《书经·胤征篇》记载,最早的日食记录可追溯到公元前2000年前后发生在夏代仲康年间的一次日食,史称"仲康日食"。不过,学者们对这次日食发生的确切年代和可靠性还有争议。此后,从殷墟甲骨文中,人们又考证出四次日食,其发生年代大约在公元前14世纪至前12世纪。这几次日食记录也都是世界上最早的。我国是日食记录最丰富的国家,从殷商至清代,日食记录共有1000多次,如此丰富的记录在世界各国中是绝无仅有的。

　　古人是如何看待日食成因的呢?在古希腊,正如第一章所述,公元前3世纪的天文学家阿利斯塔克已十分清晰地掌握了日食和月食的成因,并利用地球和月球的影锥来求地、月的直径之比。在中国,早在2000多年前,西汉的刘向已在其著作《五经通义》中说"日食者,月往蔽之",认为日食是月轮遮住日轮造成的。此后历代王朝的不少天文学家和历算家们一方面用上述思想来推算日食的发生,另一方面又要迎合封建统治者的需要,把日食当做一种异常天象来占卜王朝的吉凶祸福。这使他们心中很矛盾,即使他们已经弄清楚日食的成因,往往也避而不谈。而中国古代流行的阴阳学说则宣传"太阳属阳,月亮属阴,日食是阴阳相侵的结果"这种似是而非的解释。于是,日食的成因一直不为大多数人所理解。至于在民间,人们更相信的是"天狗食日"的传说,每遇日食,特别是日全食,人们便敲锣打鼓,企图惊吓"天狗",让它把吞下去的太阳吐出来。

日食究竟是怎样产生的?为何有时候是日全食,有时候是日环食(图3-14),而有时候却只能看到日偏食?月球的直径只有太阳直径的1/400,在太阳的照耀下,月球的影子必然是一个影锥。当月球处于朔的时候,它位于太阳和地球之间,若又正好在日地的连线上,它的影锥投到地面上,影锥中的人们便看到了日全食;但是,由于月球绕地球的轨道和地球绕太阳的轨道都是椭圆,日地距离和月地距离始终在变化,这使得月球的影锥有时无法投到地球表面,影锥的端点停留在地球表面之上的空中,只有它的延长线到达地面,在地

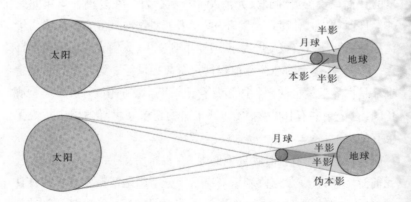

图3-14 日全食与日环食的成因示意图。上图:日全食的形成。月球的影锥能直接投射到地面,影锥内的区域称为"本影",在本影内的观测者完全看不到太阳,因而构成日全食。在本影之外还有一个范围更大的半影区域,其内的观测者看到的是日偏食。下图:日环食的形成。当月球影锥的端点无法到达地面时,该影锥的延长线便划出一个被称为"伪本影"的区域投射到地面上,其内的观测者能看到日轮的边缘部分,但无法看到日轮的中央部分,因而构成日环食。伪本影区域之外还有一个半影区域,其内的观测者看到的是日偏食

面上所划出的圆形区域被称为"伪本影",在伪本影中人们看到的便是日环食。

上面描述的只是一个静态的图像。实际上,一方面由于地球在自西向东自转,如果月球影锥在空中不动,人们就会看到此影锥反方向(自东向西)在地面上移动,根据地球自转速度,这种移动的线速度在赤道上最大,为0.46千米/秒;但是另一方面,由于月球在绕地球公转,月球拖着它的影锥以1.02千米/秒的平均速度自西向东运动。结果两者的合成效应是,每次日食时,月球的影锥总是自西向东扫过地球,在地面上形成一条狭长的日食带。其中全食带和环食带长不超过10 000千米,宽一般不超过300千米(图3-15)。全食带的两侧则是较宽阔的半影扫过的区域,在那里看到的是日偏食。由于每次全食或环食发生时,全食带或环食带大概只占地球表面积的千分之几。于是对某一地点而言,大概得间隔好几百年才能遇上一次日

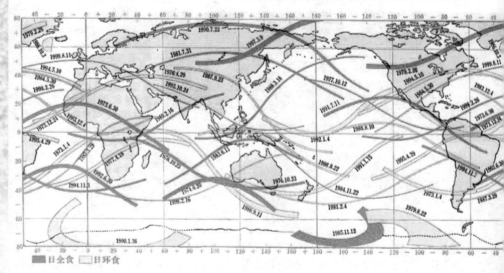

图3-15　一幅全食带和环食带路线图(1973～2000年)。图中红色的实线表示全食带,红色中空的曲线表示环食带,线条旁的数字表示日食发生的年、月、日

全食或日环食,这正是人们很难见到这两种日食的原因。

日食时,不仅月球的影锥自西向东扫过地球表面,且暗黑的月轮也是自西向东不断遮掩日轮,最后逐渐离开日轮。日全食可分为初亏、食既、食甚、生光、复圆5个阶段;日环食可分为初亏、环食始、食甚、环食终、复圆5个阶段;日偏食则分为初亏、食甚、复圆3个阶段(图3-16)。

日全食时,往往可以看到绚丽的"贝利珠"现象。那是在食既和生光时,暗黑的月轮将遮住日轮或者日轮将离开暗黑的月轮的一瞬间发生的,日光会透过凹凸不平的月轮边缘向四周迸射,看上去犹如一枚闪亮的钻戒。这一现象是1836年英国业余天文学家贝利(Francis Baily)率先作出科学解释的,因而被命名为"贝利珠"(图3-17)。

上文中涉及的日偏食,都是在地面上日全食带或日环食带的区域之外与日全食或日环食同时发生的。实际上,日偏食还可以在不

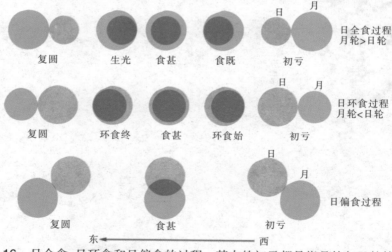

图3-16　日全食、日环食和日偏食的过程。其中的初亏都是指月轮与日轮第一次外切即日食开始的时刻;食甚都是指月轮中心与日轮中心最接近的时刻;而复圆都是指月轮与日轮第二次外切即日食结束的时刻。食既或环食始是指月轮与日轮第一次内切,即全食或环食开始的时刻;而生光或环食终则是指月轮与日轮第二次内切,即全食或环食将结束的时刻

图3-17 绚丽的
"贝利珠"。在食
既和生光的一瞬
间都可以观测到
"贝利珠"现象

发生日全食或日环食时单独出现。在天球上,太阳沿黄道作周年视
运动（地球绕太阳公转的反映），而月球则在白道上自西向东运行
（月球绕地球公转的反映），但白道与黄道之间平均有5°9′的交角。
日全食和日环食只可能在黄道与白道的交点上或极其靠近交点的
地方发生。若日食发生在黄道与白道交点的一侧,暗黑的月轮只是
从明亮日轮的上半部或下半部处走过, 始终无法遮住整个日轮,这
时便不可能发生日全食或日环食,而只可能发生日偏食(图3-18)。
而且,越是远离交点处发生的日偏食,其食分就越小。日偏食的食分
等于食甚时日轮直径被遮掩的部分与日轮直径的比值,它不仅与交
食处离黄道和白道交点的距离有关,也与观测者在地面上所处的位
置有关。离交点远到一定程度,月轮与日轮只是"擦肩而过",就不发
生日食了。这也正是日食虽然发生在月球位于朔的时候,但又不是
每个月中,月球处于朔时都会发生日食的原因。根据天文学家的研
究,每年月球处于朔的位置超过12次,但发生日食的次数最多5次,

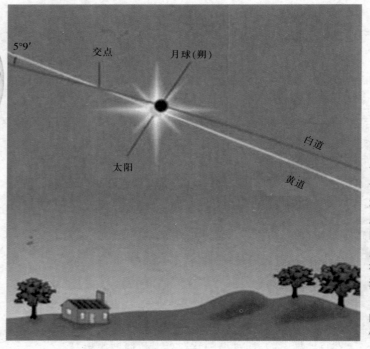

图3-18 日偏食的生成。若日食发生在离黄道与白道的交点有一定距离的地方，暗黑的月轮在白道上行进时，始终无法遮掩住整个日轮，这时发生的交食便是日偏食

最少两次。

　　日食，特别是日全食，是天文学家研究太阳和其他相关天文课题的极好机会，曾多次取得过重大成果：1868年的一次日全食时，人们发现了太阳中的"氦"元素，这种元素在20多年后才在地球上找到；1869年之后的几次日全食中，人们在日冕的光谱中发现了多条新谱线，当时认为它们是由日冕中被称为"氪"的一种新元素发出的，半个多世纪之后，人们才弄清楚它们是铁、镍、钙等高度电离离子产生的禁戒谱线，这种谱线在通常情况下是不可能观测到的，只有在天体处于十分特殊的条件下才能观测到；1919年的一次日全食观测中，人们测量到了被暗黑月轮挡住的日面周围星光的弯曲，从而为广义相对论提供了一个无可辩驳的验证……日全食是天文学家用来研究太阳大气中的色球层和日冕层的极好机会，还可以为天

体力学理论的改进以及太阳射电分布、日地空间情况、地球物理等研究提供珍贵资料。所以日全食发生时,世界各国的天文机构都会组织观测队前往全食带进行观测(图3-19和图3-20)。

今后,2008~2012这5年中,在中国可以看到2次日全食和2次日环食,它们分别是:

(1) 2008年8月1日19时多,新疆、甘肃、内蒙、宁夏、陕西、山西、河南等的部分地区可看到日全食。

图3-19 1997年3月9日,中国黑龙江省漠河地区发生日全食。这是卞毓麟在日食开始前拍摄的观测现场照片

(2) 2009年7月22日9时多,西藏、云南、四川、湖北、湖南、江西、安徽、江苏、浙江、上海等的部分地区可看到日全食。全食发生时,太阳已升至天空较高位置;全食时间长达五六分钟,只比日全食中最长的全食时间7分钟稍短;全食带还穿过成都、武汉、杭州、上海等大城市。因此,这是一次观测条件极佳的日全食。

(3) 2010年1月15日16时多,云南、四川、贵州、湖北、湖南、河南、安徽、山东、江苏等的部分地区可看到日环食,环食时间长达4分钟。

(4) 2012年5月21日6时多,广西、广东、江西、浙江、福建、台

图3-20 2006年3月29日的日全食从巴西东部开始,途经大西洋、非洲北部、土耳其,一直到俄罗斯和蒙古。我国天文工作者赴埃及观测了这次日全食

图3-21　意大利航海家哥伦布

湾等的部分地区以及香港、澳门可看到日环食,环食时间长达4分钟。

令人遐思的月食

上文已对绚丽的日食作了介绍,现在将对更常见的月食作一概括介绍。月食中最重要的是月全食。关于月全食,历史上有两个小故事。一个故事说的是,公元前413年,两个希腊城邦国家的盟主雅典和斯巴达为了争夺海上霸权,爆发了伯罗奔尼撒战争。雅典人的强大海军已经侵入西西里岛。后来这支军队的指挥官一度决定缩短战线,撤出西西里岛。但在撤离之前,刚巧发生了一次月全食,这位指挥官赶紧召来占星术士进行星占,占星术士告诉他,上天示意他,要他的部队在该岛再驻守"三个九天"。他听信了占星术士的话,让部队暂驻原地,等过了"三个九天"再撤离。不久,斯巴达的军事指挥官指挥军队向正处于等待撤退中的雅典远征军发起猛攻, 最后全歼了雅典人的这支海上部队。此役,雅典人损失战舰200余艘,海军3.5万人,可以说元气大伤。它是伯罗奔尼撒战争后来以雅典人失败告终的一个重要原因。另一个故事说的是,1504年, 航海家哥伦布 (Christopher Columbus,图3-21)率领船队来到北美洲牙买加岛,他的手下上岸后就与当地印第安人发生冲突,印第安人不畏强暴,决定不给这支船队提供淡水和食物。被困数日后,掌握不少天文知识的哥伦布突然想到当天晚上会发生月全食,于是派人去告诉岛上的印第安人首领,如果他们再不改变这种不友好的态度,他将让月亮改变颜色并失去光辉。当晚,月全食真的发生了。印第安人首领十分惊恐,立即下令,把哥伦布和他的部下当贵宾接待,并给这支船队提供最好的物资供应。而这时,月全食也结束了,月亮恢复了光辉。

在古代,一轮圆月高挂在晴朗的夜空中,柔和的月光遍泻大地,突然,皎洁的明月渐渐被一个黑影吞食,慢慢地失去了它的光辉,而且持续的时间又相当长,这时人们感到惊慌甚至惊恐是可以理解的。但雅典指挥官听信占星术士一句所谓"上天的示意",竟一下子使手下3.5万人成为异乡之鬼,这就不得不令人扼腕叹息了。其实月全食毫不奇怪,满月时,相对于太阳而言,月球位于地球的另一端,若它正好与地球、太阳近乎处于一直线,就必然会走进受太阳照耀的地球在太空中拖着的一个长长的本影影锥中,从而发生月全食(图3–22)。

我国于2007年发射的"嫦娥一号"绕月探测卫星,在绕月球进行为期1年的月球科学探测时,将在2008年2月21日经历月全食。发生月全食时,照向月球的太阳光被地球挡住,"嫦娥一号"卫星便进入地球影锥,它上面的太阳能电池板将得不到太阳光照,导致缺乏能源供应的科学仪器无法维持正常工作。此时,卫星上的绝大部分科学仪器关机,只靠蓄电池提供的电量来维持卫星内的温度,使仪器不至于被冻坏。等长达几小时的月食结束后,月球将重新受到阳光照耀,"嫦娥一号"卫星的能源供应恢复,卫星上的科学仪器才能重新开机工作。

图3–22　月全食的成因示意图。月球进入地球的本影影锥后,完全照不到太阳光,这时便产生月全食。地球的本影影锥的外围还有半影影锥,若月球只穿过地球的半影影锥,始终不进入本影影锥,那么这时月球仍能得到太阳的部分光照,所以此时如果观测者在月球上,看到的将是月球上发生的日偏食。这种所谓的"半影月食"往往不被视为月食

图3-23　月全食时看到的月球。月全食时,太阳光虽然无法直接照到月面上,但由于地球周围有较浓密的大气,少部分的太阳光特别是其中的红色光,会透过地球大气的折射照射到月面上,因此我们仍能看到呈红铜色的月球

有人也许会认为,月全食时,月球根本看不见,但实际上并非如此。月全食时,人们往往可以看到一个红铜色的月球发着微弱的光芒(图3-23)。那么在地球上正好发生月全食时,如果有宇航员正好在月面上,他会看到什么景象呢?这时整个太阳都被地球挡住了,发生了月球上的日全食。有一幅著名的太空画,构思了月球上发生日全食的情景(图3-24)。

地球的本影影锥在月球轨道处的直径大约为月球直径的2.5倍。若

图3-24　一幅月球上发生日全食的太空画。地球上发生月全食时,在月球上则看到日全食。这时整个太阳已被地球挡住,但地球周围的大气则被太阳照亮,呈现出一个发亮的光圈。图中地球影子的上下方还有辉光向黄道面方向延伸,这是日地空间的许多尘埃被阳光照亮而发出的微弱光线(称黄道光)

图3-25 这是月全食过程中9幅连续拍摄的月球照片,然后再按时间顺序自西向东叠加起来。从这幅叠加的月全食过程图中,可以看到地球影锥的部分轮廓。图中右侧代表西方,左侧代表东方

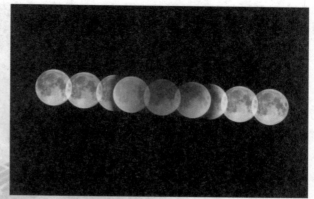

在月全食过程中连续拍摄月球的照片,从这些照片中往往还能看到地球本影影锥的部分轮廓(图3-25)。

　　月全食时,月球是"自投罗网",自西向东钻入视直径比自己大得多的地球影锥中,所以月全食是先从月球的东边缘开始,然后慢慢向西扩展到整个月球。与日全食相类似,月全食可分为初亏、食既、食甚、生光、复圆这5个阶段(图3-26)。

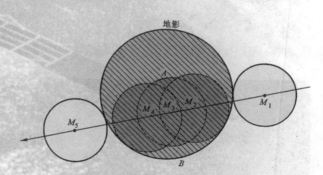

图3-26 月全食的5个阶段示意图。月球自西向东穿过地影(地球本影影锥),其中M_1至M_5分别代表月全食的5个阶段:M_1指月球与地影第一次外切,月食开始,称初亏;M_2指月球与地影第一次内切,此时月全食开始,称食既;M_3指月球中心与地影中心距离最近的瞬间,称食甚;M_4指月球与地影第二次内切,月全食结束,称生光;M_5指月球与地影第二次外切,整个月食过程结束,称复圆

　　月全食经历的时间往往比较长,特别是食分大的月全食,其全食时间可达2小时以上。月全食的食分是指食甚时月球所进入的地影部分的视直径(即图3-26中AB间的距离)与月球视直径的比值。显然,月全食的食分总是大于1,而且食甚时月球中心与地影中心距

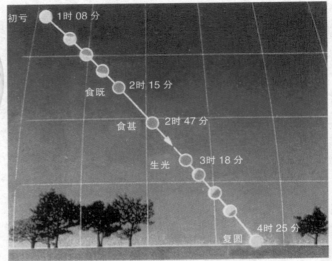

图3-27 一次月全食全过程的示意图。图中纵坐标表示地平高度，横坐标表示方位角。这次月全食发生在月落之前，凌晨2时15分食既，3时18分生光，全食时间共1小时3分

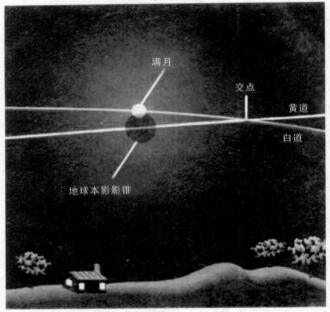

满月

交点

黄道

白道

地球本影影锥

图3-28 月偏食发生的示意图。若在黄道和白道交点一侧有相当距离处发生月食，在白道上的满月不是全部钻入地球本影影锥，而是只有一部分被该影锥挡住，这时发生的月食便是月偏食

图3-29　一轮偏食的月亮低悬在苏格兰一座庄园的上方

离越近,其食分越大。当食分较小时,全食时间也相对较短(图3-27)。

　　月全食与日全食有一个重要区别。日全食时,只有位于地面上窄小全食带内的人们才能看到日全食。但一次月全食发生时,面向月球的半个地球上的人们全都可以看到。因此,月全食现象比较常见。

　　白道与黄道有一个平均约5°9′的交角,月全食只能发生在十分靠近黄道与白道的交点位置处。如果在交点一侧有相当距离处发生月食,这时往往不再是月全食,而只是月偏食(图3-28和图3-29)。在离该交点更远的地方,满月追上地球本影影锥时只是从其身旁擦过而已,因而这时连月偏食也不会发生。这正是并非每次月亮满月都会发生月食的原因。

第四章　月球的表面

月球是一个南北极稍扁、赤道处有轻微隆起的近似球体,其赤道半径比极半径长约3千米。月球的平均直径为3476千米,相当于地球直径的0.273倍;质量为$7.353×10^{22}$千克,约为地球的1/81.3;体积约为地球的1/49。月球的平均密度为3.341克/厘米³,仅为地球平均密度的0.6倍。月球的表面积为3800万平方千米,只有地球表面积的1/14,大约是中国陆地面积的4倍(图4-1),比亚洲的面积稍小。本章主要介绍月球上的环境条件和地形地貌特征。

月球

图4-1　月球比地球小得多,其表面积约为中国陆地面积的4倍。这相当于它作为球体在平面上的投影面积与中国的陆地面积大体相当

万籁俱寂的不毛之地

我们的地球上有浩瀚澎湃的海洋,蜿蜒曲折的河流,巍峨高耸的山峦,辽阔葱绿的原野;湖面碧波荡漾,山间绿树红花,鹰搏长空,鱼跃大海,一片生机勃勃的景象。而作为地球卫星的月球,却是一块万籁俱寂的不毛之地。由于月球上没有大气层(严格地说,月球上也有极其稀薄的大气,但其大气压只有地球海平面上大气压的100万亿分之一。这些大气一是来源于太阳风,特别是其中的氢离子,二是来源于月球表面下时而逸出的气体),假如你在月球上行走,仰望天空,看到的将是漆黑天幕中满天星星与明亮的太阳同辉。而此时此

刻的你,必须身穿太空服,戴上空气面罩,以免窒息与耳鼓胀破,并防止皮肤遭受各种宇宙射线的伤害。由于没有大气,月面上亮暗反差强烈,物体一进入黑影便隐遁不见;由于没有大气来传播声音,月球上万籁俱寂,即使偶然见到一个小天体打在月面上,看到尘土四散,也听不见声音,犹如在观看无声电影。如果你想与同伴说话,只能采用专门的通信设备,否则只能打手势用"哑语"。

　　月球上为什么没有大气层呢?月球的起源问题目前尚未最终解决,月球在它刚诞生时是否拥有大气层还不得而知。但是,即使月球在它刚诞生时拥有原始的大气层,而且在它的早期演化阶段又通过岩浆喷发,释放出二氧化碳、二氧化硫、硫化氢、水蒸气等,充实了这一大气层,那么在月球诞生以来的40多亿年中,这层原始大气也早已消散得无影无踪了。星体能否保持其大气层,决定于气体分子的运动速度和逃逸速度。所谓气体的逃逸速度是指气体脱离星体的吸引而进入空间所需的最小速度。影响星体能否保持其大气层的因素主要有星体的质量和大小、与太阳的距离、表面温度及组成大气层的气体分子类型等。地球的逃逸速度为11.2千米/秒,它能保持住自己的大气层。月球的质量比地球小得多,它表面的逃逸速度为2.38千米/秒,只有地球表面逃逸速度的约0.2倍。与地球相仿,月球到太阳的距离与日地距离相差无几,但月球上昼夜的交替则比地球上缓慢得多,在太阳光长时间的照射和加热作用下,它的各种气体分子很容易超过月球的逃逸速度而逐渐逃离掉。因此,月球是无法保持住自己的大气层的。

　　月球上没有大气,缺乏热的传导介质,结果月球上太阳照射到的地方非常热,白昼温度为110℃~130℃,极限温度可达150℃;而在太阳照不到的阴影区里,或者夜晚的温度,则只有-160℃~-130℃,最低可达-180℃。光照处与阴影处的温差或者昼夜的温差竟达240℃甚至300℃。

　　由于没有大气,月球上不可能存在液态的水。它的地质演化历史中也没有或只有极微量的水参与。所有的月球岩石都是通过高温的岩浆或火山作用形成的,在这些过程中几乎都没有水的参与。因此,在月球上找不到地球上常见的砂岩、页岩与石灰岩等沉积岩。

由于月球质量小,平均密度又低,月球表面的重力相当弱,只有地球上的1/6。如果你在地球上重90千克,那么到了月球上体重就大大减轻,只有15千克重;如果你在地球上可以跳1米高,那么在月球上起跳的话,准能打破地球上的跳高世界记录。因此,在月球上走路是跳跃式前进的,而且速度很快。因此,走路时必须多加小心,缓慢移动,防止摔倒。

关于月球的磁场,近40年来的研究表明,月球目前没有地球那样的全球偶极磁场,因此指南针在月球上就不能正确指示方向。但通过对月岩剩余磁性的研究,发现32亿年前形成的月岩有明显的剩余磁性,而此后形成的岩石几乎没有剩余磁性,这表明早期的月球可能曾经有过较弱的偶极磁场,而这一全球性的磁场在32亿年前已消失殆尽。月岩中的强磁性物质主要是铁和铁合金,不像地球岩石中的强磁性物质主要是铁的氧化物或铁的其他化合物,这表明月球上长期缺乏氧等元素,环境处于极其还原的状态。

"满目疮痍"的月表

一群青少年排着队依次在北京天文馆的目视望远镜前观看月球,看完后,他们中往往有人会惊呼:"哎哟, 原来月球是一个大麻子呀!"通过望远镜看到月面的满脸"麻点"就是月球上分布最广、数量也最多的环形山 (图 4-2),

图4-2 月面上布满大大小小的环形山, 小的也许只能称为撞击坑

英文为"crater"。crater原义是指"火山口"、"撞击坑"(图4-3)，甚至指炸弹或炮弹爆炸后在地面造成的"弹坑"，我国将其定译为"环形山"。但是，月面上星罗密布的一个个很小很小的撞击坑却根本不像是什么"山"，因此有的天文学书籍中将这些crater译为"月坑"。也许大型的crater可译为"环形山"，而直径甚小的crater直接译为"撞击坑"更恰当些。本书下文中将酌情分别使用这两种译法。

图4-3　月球上典型的碗形撞击坑

如前所述，月球上的环形山往往以著名科学家的姓氏命名。最大的几个环形山直径近300千米甚至超过300千米，足以把我国整个海南省全都装进去。有些大环形山中央有一个甚至多个凸起的山峰，其四周则呈阶梯状，例如埃拉

图4-4　月面上最大的环形山之一——埃拉托色尼环形山

图4-5　1969年，"阿波罗11号"的宇航员拍摄的月球背面代达鲁斯环形山的照片。该环形山直径为93千米，中心附近有几个突起的小山峰

图4-6 直径达312千米的薛定谔环形山。它是月球上最年轻的撞击盆地之一

托色尼环形山(图4-4)和代达鲁斯环形山(图4-5)都是这种情况。有的直径大于200千米的环形山中间没有突起的山峰，形成一个盆地结构，在这个盆地内或盆地边缘还有若干大小不一的环形山和许多尺度更小的撞击坑，例如薛定谔环形山就是这种情况(图4-6)。

月面上的撞击坑和环形山，从直径为厘米量级到300千米左右，尺度相差极大。多次月球探测结果的统计表明，月面上直径大于1千米的环形山总数多达33 000个以上，而直径在1米至1千米间的撞击坑和小环形山约有30 000亿个，此外还有无数数量难于估计的直径小于1米的小撞击坑。

长期以来，科学家们关于环形山和撞击坑的起源有好几派学说，有人认为它是火山活动形成的火山口，有人说是小天体撞击形成的撞击坑。与地表火山活动、天然撞击坑及人工爆炸坑洞(包括原子弹及实验室内模拟的爆炸坑洞)的比较表明，月球上绝大部分的环形山和撞击坑是撞击形成的，只有很少一部分是由火山爆发形成的。由于月球表面没有大气，小天体可以毫无阻挡地撞向月面，在撞击的瞬间，动能转化为热能，温度急剧升高并产生爆炸，形成一个比撞击体大得多的撞击坑。同时，爆炸时物质向四面八方飞溅，散落后堆积成环形山四周的隆起物。很多环形山中间凹陷的体积大致等于四周岩壁的体积,正说明了这种形成机制。而撞击坑的中央山峰或环形凸起是因特别猛烈的撞击引起地层反弹造成的。

在20世纪50年代以前,有不少人认为环形山和撞击坑也许是月面上特有的,其他星体上很可能并不存在。但近半个世纪以来对太阳系空间探测的进展表明,环形山和撞击坑是普遍存在于太阳系中类地行星、卫星甚至小行星中的。图4-7至图4-9显示了水星和火星上,以及天然卫星(如火卫一和火卫二以及土卫一)上,甚至小行星上所存在的环形山和撞击坑。

太阳系中许多其他天体上也都存在环形山和撞击坑这一事实,对月球上极大多数环形山和撞击坑确实由撞击形成的见解是一个有力的支持。因为这些观测事实说明,在太阳系生成后40多亿年的

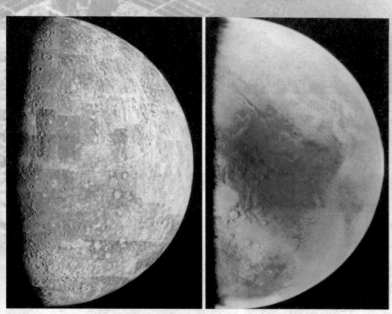

图4-7 水星及火星上存在的环形山和撞击坑。左图:水星和月亮很相似,它的表面布满了环形山和撞击坑;右图:虽然数量无法与水星相比,但火星上(特别是图中左下侧)也依然存在着许多环形山和撞击坑

漫长历史时期中,小行星、彗星等小天体撞击行星、卫星乃至小天体之间的互相撞击,是相当频繁的,甚至那些自身根本不可能产生火山爆发的小尺度卫星、小行星身上,照样也满目疮痍。显然,这种情况只可能是由撞击引起的。人类亲眼目睹的1994年苏梅克–列维9号彗星撞击木星就是小天体撞击的明证。

也许有人会提出疑问,这么多天体上存在环形山和撞击坑,那

图4-8 卫星上的环形山和撞击坑。左图:火星的两颗卫星火卫一和火卫二,其中较大的火卫一的直径不足20千米,它们上面有不少撞击坑,看上去就像是虫蛀鼠咬的坏土豆;右图:土星的卫星土卫一直径约400千米,它的表面布满了密密麻麻的环形山和撞击坑

图4-9 两颗形状不规则的小行星上的撞击坑。左图:小行星加斯帕拉的长轴仅20千米,它的上面布满了撞击坑;右图:小行星艾达上面也布满了撞击坑

么为何在地球上却很难看到呢？实际上，地球上类似的结构物也是存在的，例如美国亚利桑那州至今还遗留着一个巨大的撞击坑就是一个典型例子(图4-10)。1976年，我国吉林省吉林市发生的一次陨石雨事件中，最大的一块陨石"吉林1号"在地面上砸出一个大坑(图4-11和图4-12)。然而，由于地球上有大气圈和水圈，几十亿年来阳光、大气、生物和流水的风化、剥蚀、搬运作用，加上地壳因板块运动而处于不断的消亡和生长之中，众多的撞击坑在这么多内力与外力的地质作用下，已被破坏得所剩无几了。

　　据中国科学院欧阳自远院士的研究，仅仅从新生代以来，地球上就发生过至少6次巨大撞击事件。这些撞击事件不仅会形成撞击坑，而且会引发地震、海啸等，同时大量汽化、熔融的尘埃颗粒被释放到地

图4-10　位于美国亚利桑那州的一个巨大的撞击坑。其直径达1200米，深约170米。据研究，它是2万年前一块重达10多万吨的小天体撞击地面所造成的

图4-11　吉林陨石雨是1976年3月8日下午发生在吉林省吉林市北郊的一次陨石雨，分布的总长度为70千米，宽度为8千米，总面积是500多平方千米，这也是世界上陨石雨面积分布之最。据目击者称，当时一个大火球在白天从天而降，随即分裂成三个小火球和大量陨石碎块，随后许多陨石落地，其中最大的一块陨石"吉林1号"冲击地面砸出一个大坑。图为科研人员和当地老乡在现场考察

图4-12 欧阳自远（右二）正在讲解"吉林1号"陨石的形成和演化历史

球平流层,使气温骤降,黑暗而寒冷的"冬天"来临,甚至导致地球上出现重大的生物灭绝事件。1908年6月30日,发生在俄罗斯西伯利亚通古斯地区的彗星撞击爆炸事件,造成大面积的森林被烧毁,大量动物由于食物缺乏和环境改变而死亡。这是最近一次小天体撞击地球的实例。

虽然在近地空间中绕太阳运转的许多流星体的撞击可以造成月面上较小的环形山和撞击坑,但月面上大口径的环形山则往往是由近地小行星撞击引起的。什么是近地小行星呢? 小行星绝大多数在火星与木星之间沿椭圆轨道绕太阳运动,但也有一些小行星由于其运动轨道的半长径与地球轨道的半长径相近,或者由于其椭圆轨道的偏心率较大,有可能非常接近地球或地月系统,这类小行星称为近地小行星。由于它们的直径和质量都比较大,若撞击月球,就会在月面上形成相当大的环形山。

据科学家们研究、推算,近地小行星中,直径在100~1000米的,平均每隔5000年有可能与月球相撞一次;而直径在1000~5000米的,平均每隔30万年才有可能与月球撞击一次;直径大于5000米的近地小行星,由于数量稀少,撞击月球的概率更小。但在几十亿年的漫长历史时期中,这样的近地小行星撞击月球的事件依然会多次发生。

1979~2006年,日本、美国、中国等国家和地区的科学考察人员已从地球上的沙漠、南极大陆的冰层中,发现了53次月球陨石降落事件(表4-1)。这些陨石成了人们研究月球的珍品。它们怎样从月球来到地球上的?研究表明,当月球受到近地小行星的猛烈撞击时,不

表4-1 地球上已发现的53次月球陨石降落事件

序号	陨石名称	确认时间(年)	发现地点	陨石类型	重量(克)
1	Calealong Creek	1990	澳大利亚	M	19.00
2	Dar al Gani 262	1997	利比亚	A	513.00
	Dar al Gani 996	1999			12.31
	Dar al Gani 1042	1999			801.43
	DaG xxxx "NC01"■	2001			0.80
3	Dar al Gani 400	1998	利比亚	A	1425.00
4	NWA 032	1999	摩洛哥	B	300.00
	NWA 479	2001			156.00
5	NWA 482	2000	阿尔及利亚	A	1015.00
6	NWA 773	2000	西撒哈拉	B	633.00
	NWA 2700	2004			31.70
7	NWA 2727	2005	非洲西北部	B	191.20
	NWA 3160	2005			34.00
	NWA 3333 ●	2005			33.00
8	NWA 2977	2005	非洲西北部	B	233.00
9	NWA 2200	2004	摩洛哥	A	552.00
10	NWA 2995	2005	阿尔及利亚	A	538.00
11	NWA 2998	2006	阿尔及利亚	A	163.00
12	NWA 3136	2004	摩洛哥	M	95.10
13	NWA 3163	2005	毛里塔尼亚	A	1634.00
	NWA 4483 ●	2006			208.00

（续表）

序号	陨石名称	确认时间(年)	发现地点	陨石类型	重量(克)
14	NWA 4472	2006	非洲西北部	K	64.30
	NWA 4485	2006			188.00
15	NWA xxxx "XX53"■	2005	摩洛哥	B	53.00
16	NWA xxxx "Br−01"■	2005	非洲西北部	M	26.20
17	NEA 001	2002	苏丹	A	262.00
	NEA 00x■	2002			29.60
18	NEA 003	2000	利比亚	B	124.00
19	Kalahari 008	1999	博茨瓦纳	A	598.00
20	Kalahari 009	1999	博茨瓦纳	B	13 500.00
21	Dhofar 025	2000	阿曼	A	751.00
	Dhofar 301	2001			9.00
	Dhofar 304	2001			10.00
	Dhofar 308	2001			2.00
22	Dhofar 287	2001	阿曼	B	154.00
23	Dhofar 026	2000	阿曼	A	148.00
	Dhofar 457	2001			99.52
	Dhofar 458	2001			36.73
	Dhofar 459	2001			31.45
	Dhofar 460	2001			73.10
	Dhofar 461	2001			33.72
	Dhofar 462	2001			44.67
	Dhofar 463	2001			24.33
	Dhofar 464	2001			22.28
	Dhofar 465	2001			70.74
	Dhofar 466	2001			69.24
	Dhofar 467	2001			36.23
	Dhofar 468	2001			18.94

（续表）

序号	陨石名称	确认时间(年)	发现地点	陨石类型	重量(克)
24	Dhofar 081	1999	阿曼	A	174.00
	Dhofar 280	2001			251.20
	Dhofar 910	2003			142.90
	Dhofar 1224	2003			4.57
25	Dhofar 302	2001	阿曼	A	3.83
	Dhofar 303	2001			4.15
	Dhofar 305	2001			34.11
	Dhofar 306	2001			12.86
	Dhofar 307	2001			50.00
	Dhofar 309	2002			81.30
	Dhofar 310	2002			10.80
	Dhofar 311	2001			4.00
	Dhofar 730	2002			108.00
	Dhofar 731	2002			36.00
	Dhofar 908	2003			245.46
	Dhofar 909	2003			3.93
	Dhofar 911	2003			191.50
	Dhofar 950	2003			21.70
	Dhofar 1085	2003			197.00
	Dho xxxx "AHID"■	2004			11.27
26	Dhofar 489	2001	阿曼	A	34.40
27	Dhofar 490	2001	阿曼	A	34.05
	Dhofar 1084	2003			90.30
28	Dhofar 733	2002	阿曼	A	98.00
29	Dhofar 925	2003	阿曼	K	49.00
	Dhofar 960	2003			35.40
	Dhofar 961	2003			21.60
30	Dhofar 1180	2005	阿曼	M	115.20

（续表）

序号	陨石名称	确认时间(年)	发现地点	陨石类型	重量(克)
31	Dhofar 1428	2006	阿曼	A	213.00
32	Dho xxxx"18-2-44"■	2004	阿曼	A	24.20
33	Dho xxxx"1004"■	2006	阿曼	A	18.67
34	Sayh al Uhaymir 169	2002	阿曼	K	206.45
35	Sayh al Uhaymir 300	2004	阿曼	A	152.60
36	SaU xxx "AA-21" ■	2006	阿曼	A	16.50
37	Sample "M19"■	2000	未确定	A	255.00
38	ALH A81005	1982	南极	A	31.40
39	EET 87521 EET 96008	1987 1996	南极	M	30.70 53.00
40	LAP 02205 LAP 02224 LAP 02226 LAP 02436 LAP 03632 LAP 04841	2002 2002 2002 2002 2003 2004	南极	B	1226.30 252.50 244.10 58.97 92.57 55.99
41	MAC 88104 MAC 88105	1989 1989	南极	A	61.20 662.50
42	MET 01210	2001	南极	M	22.83
43	MIL 05035	2005	南极	B	142.22

（续表）

序号	陨石名称	确认时间(年)	发现地点	陨石类型	重量(克)
44	PCA 02007	2003	南极	A	22.37
45	QUE 93069 QUE 94269	1993 1994	南极	A	21.40 3.20
46	QUE 94281	1994	南极	M	23.40
47	Asuka 881757	1988	南极	B	442.10
48	Yamato 791197	1979	南极	A	52.40
49	Yamato 793169	1979	南极	B	6.10
50	Yamato 793274 Yamato 981031	1980 1998	南极	M	8.70 186.00
51	Yamato 82192 Yamato 82193 Yamato 86032	1982 1982 1986	南极	A	36.70 27.00 648.40
52	Yamato 983885	1999	南极	M	289.71
53	"1153" (Yanai)■	2000前	未确定	A	??.??

说明：

A – 月球高地长石质角砾岩(由高地斜长岩形成)。

B – 月海玄武岩或玄武质角砾岩(由月海玄武岩形成)。

M – 混合角砾岩(由高地斜长岩和月海玄武岩的混合物形成)。

K – 月球克里普玄武岩或富含克里普玄武岩的角砾岩(由富含钾、稀土和磷元素的玄武岩形成)。

● 已进行陨石分类，并根据国际陨石学会的陨石命名规则进行命名，但尚未在陨石通报中公布，这些编号只是临时编号。

■ 已进行陨石分类，但并未根据国际陨石学会的陨石命名规则进行命名，也未在陨石通报中公布，还没有获得正式认可。

图4-13 科学考察人员在南极大陆发现的一块来自月球高地的陨石

仅在月面上形成一个大环形山,而且会使撞击区的月球岩石碎块向空中溅射,当溅射的方向恰当且其速度超过月球的逃逸速度时,溅射物就会进入近地空间绕太阳运行,而当其运行轨道与地球相遇时,就会进入地球大气层,与大气摩擦燃烧,其未被烧完部分落到地球表面便是月球陨石(图4-13)。

目前已发现的月球陨石中,有的来自月球上的高地,有的则来自月球上的"海";有的来自月球正面,有的则来自月球背面。它们的来源也从一个侧面说明,近地小行星等天体猛烈撞击月球的事件以往曾一再发生过,同时也是大环形山往往是由撞击生成的一个旁证。

月面上的暗黑斑块

月球正面(正对地球的一面)有大量暗黑斑块,它们是月球上的"海",下文中简称"月海"。但它徒有虚名,滴水不含,其实只是月面上地形相对低洼、较为平坦的广阔平原。为了比较月面上各地区地形的高度,往往将距月球核心1738千米为半径的虚拟球面定义为月球表面的平均水准面。它类似于地球上的海平面,地球上无论高山还是海底均以海平面为准,用海拔正值或负值来计量高度。例如,2005年中国国家测绘局等单位最新测定世界上海拔最高的山峰珠穆朗玛峰的海拔为8844.43米。月面上的结构物则以月球上的平均水准面为标准来计量其高度,高于它的为正值,且高得越多,正值越大;低于它的为负值,且低得越多,负值越大。图4-14便是以此计量方法所绘的月球正面的地形图。

月海中广泛分布着一种玄武质熔岩的岩石,地质学中称为玄武岩。玄武岩是由玄武岩岩浆沿着火山通道喷到月球表面迅速冷却凝固而形成的。由于玄武岩岩浆中的钛、铁含量较高，冷却结晶时生成丰富的钛铁矿、橄榄石等暗色矿物，这导致它对太阳光的反射率较低，只有7%~10%，所以该区域看起来就比较阴暗。月海盆地大约是在距今39亿年前由大量较大尺度的小天体撞击月球表面"挖凿"而形成的，后期又被大面积火山喷出的玄武岩岩浆所覆盖。

在月球正面，月海约占一半面积；而在月球背面，月海却很少（图4-15）。令人不解的是，月球背面有一些直径为500千米左右的巨型圆形凹地，按大小可与月海相媲美，不同的是其宽阔的底部没有被暗黑色的玄武岩填满，并可见到若干个小环形山和撞击坑散布于其上。为与月海相区别，这种没有填充月海玄武岩的凹地称为"类月海"。

月球表面有危海、丰富海、澄海、静海、酒海、冷海、雨海、汽海、云海、湿海、风暴洋等20多个月海。它

图4-14 月球正面的地形图。取月球平均水准面处为零，高于或低于它的地形分别取正值或负值，正值或负值的多少又进一步用本图下侧标尺所示的不同颜色表示之。从本图可以看出，月海普遍地比月球平均水准面低2~4千米

图4-15 一幅从宇宙飞船上拍摄的月球侧面的照片。照片左侧是月球正面的一部分，可以看到危海、丰富海、静海和酒海。照片右侧则是月球背面的一部分，可以看到那里的月海很少

们绝大多数分布在月球的正面,只有东海、莫斯科海和智海在月球背面。最大的月海叫风暴洋,面积达500万平方千米,相当于我国陆地面积的一半。它的旁边是雨海(图4-16),面积达89万平方千米。另外一些月海的面积,每个均小于30万平方千米。

为什么月海绝大多数分布在月球正面呢?目前还是一个谜。1849年,法国天文学家洛希(Édouard Albert Roche)提出了一个卫星因离行星过近而导致解体的数学公式。根据此公式可求出一个下限,当卫星离行星的距离小于此下限时,引潮力就会使卫星解体。这一距离称为洛希极限。对于月海分布的一种可能的解释就是:大约在距今39亿年前,当月球运行到洛希极限附近时,由于地月引潮力的相互作用,地球与月球正面相互撕裂出一部分并被粉碎,大量被撕裂的碎块又回落到地球和月球正面,撞击月球表面,所以"开凿"出大面积的月海盆地。这次撞击事件在月球的演化史中称为"雨海

事件"。月海中岩石年龄的研究表明,这些岩石的形成时间都集中在距今39±0.5亿年前,似乎可以从另一个角度说明,这一事件真的在那时候发生过。但月球背面则几乎没有遭遇类似的"雨海事件",因而保持了较原始的地貌特征。

虽然月球背面月海很少,但有的月海结构相当复杂,例如位于月球背面边缘区域的东海,它的中心区域构成了一个底部较平

图4-16　月球北部雨海的照片。它的右侧和右下侧被山脉所包围

坦的盆地,而自中心向外,有逐步升高的3层环圈,仿佛组成3个同心圆环,被称为"东海盆地"。这种结构在月海中是很少见的(图4-17)。

月海的地势相当低。静海和澄海比月球平均水准面低1700米,湿海低5200米,最低的是雨海东南部,"海底"竟在平均水准面之下6000多米。

除月海之外,月面上还有一些较小的暗黑区域叫做"湖"。月面上最大的梦湖面积达7万平方千米,它和面积约2万平方千米的死湖均在澄海的北边。"海"伸向月陆的部分则称为"湾"和"沼"。最大的"湾"是露湾,位于风暴洋的最北部,其面积比危海还要大。

图4-17 月球背面的东海盆地,其3层同心圆环的构造清晰可见

古老的月陆和山脉

月球表面高出月海的地区称为月陆,也称高地。月陆主要由一种浅色的斜长岩所组成,这是一种富含长石矿物的深成岩,它对阳光的反射率比月海中的玄武岩要高得多,因此我们用肉眼看去月陆比月海要亮得多。

在月球正面,除了低洼的月海以及"湖""湾""沼"等之外,其余地方都被月陆覆盖,月陆的总面积与低洼的月海

图4-18 在月球正面,月陆和月海的面积大体相当

等的总面积大体相等(图4-18)。而且,月陆上有比月海中多得多的环形山。在月球背面,月陆的面积占绝大部分,低洼地区只占小部分

月球背面

-8 -6 -4 -2 0 2 4 6 8
高度（千米）

图4-19 月球背面的地形图。与图4-14一样，依然取月球平均水准面处为零，高于或低于它的地形分别取正值或负值，并进一步用本图下侧标尺所示的不同颜色表示该值。从图中可以看出，南极附近的爱肯盆地是月球表面最低的区域，它比月球的平均水准面要低6000米左右。除此以外，月球背面主要是月陆，月海很少

（图4-19）。月球背面的月陆上往往也密布着很多环形山和撞击坑（图4-20）。

月陆是月球上最古老的地质单元。组成月陆的岩石年龄为41亿~43亿年，比目前在地球上所找到的最古老的岩石的年龄还要老。地球形成的年龄为46亿年，而目前在地球上找到的最古老的岩石的年龄约为38亿年，至今还没有找到最初8亿年的岩石的记录，这无疑使地球早期演化历史的研究陷入困境。因此，对月陆的深入了解不但可以揭示月球岩石类型、月球的总体成分特征及其化学演化历史等，还可以为我们研究太阳系及其行星、卫星，特别是地球的早期演化历史提供重要信息。

在围绕月海的月陆地区，往往有连续、险峻的山峰带，称为"山脉"。它们比月陆高得多，往往

图4-20 "阿波罗16号"的宇航员在月球上空拍摄的一幅月球背面中部的月陆区域的照片，可以看出其上环形山和撞击坑密布

图4-21　雨海南部的亚平宁山脉是月球上最长的山脉,本图只截取了它的大部分,它还有一部分继续向南端延伸。该山脉北部一大一小并排的阿基米德环形山和奥托利克斯环形山十分醒目

可高于月球平均水准面七八千米。它们是由于大型小天体的撞击作用,使大量的岩石碎块溅射与堆积而形成的围绕月海盆地的山脉,如亚平宁山脉、比利牛斯山脉、阿尔泰山脉、阿尔卑斯山脉、朱拉山脉和喀尔巴阡山脉等。

　　月球山脉的外貌与地球上的山脉差不多,山脉的名字大多也是从地球"移植"而来,如雨海周围的高加索山脉、亚平宁山脉和阿尔卑斯山脉等。月面上的山峰,6000米以上的有6个,5000~6000米的有20个,4000~5000米的有80个,1000~4000米的有一二百个。其中最著名的亚平宁山脉位于月面中央,是月球上最长的山脉,蜿蜒1000多千米(图4-21)。在月球南极附近有一座莱布尼茨山脉,最高峰竟达9000米,比地球上的最高峰珠穆朗玛峰还要高156米。

　　月球山脉有一个普遍特征:两边的坡度很不对称,向着月海的那一侧坡度很大,有时为断崖状,另一侧则相当平缓,图4-21中的亚平宁山脉也是这种情况。这种特征与月海形成时的撞击溅射物的堆积过程有关。

　　在月面上某处太阳升起不久或即将下落时,该处的山峰等月面突出物往往会在月面上拖出长长的影子(图4-22)。早在1610年,伽

图4-22　月面上太阳刚刚升起时，山峰投射出很长的影子

利略用自制的简易望远镜观测月球时就发现了这一现象，而且他还利用山脉投射出的影长率先测量了月球上山脉的高度。现今，虽然有了更精确的测定月面上山脉高度的方法，但利用影长进行测量依然是一种虽稍显粗略但却比较简便的方法。

图4-23　壮观的第谷环形山的辐射纹

月谷、月溪和辐射纹

除上文中谈到的环形山与撞击坑、月海、月陆与山脉之外，月面上还有一些重要结构物值得介绍，它们就是辐射纹、月谷与月溪。

辐射纹是以环形山为辐射点向四面八方延伸的亮带，它几乎以笔直的方向穿过月海和山系。目前已发现有50多个较大的环形山具有辐射纹，其中最典型的是第谷环形山和哥白尼环形山，它们的辐射纹特别醒目。

位于南极附近的第谷环形山直径85千米，高4850千米，有明显的中央山峰。它的辐射纹(图4-23)特别美丽：12条向外延伸上千千米的"五爪金龙"匍匐在月面上，似在喘息，又似在跃起前的瞬间,其中最长的一条辐射纹长1800千米,在满月时尤为壮观,用双筒望远镜就可以看到。

位于风暴洋一侧的哥白尼环形山直径90千米,高3000多米,中心区有3座小山。它的辐射纹也十分清晰,其中最长的一条伸至1200千米之外。

一般说来,有辐射纹的环形山往往比较大,但也有例外的情况。月球背面的布鲁诺环形山直径只有20千米,但它的辐射纹却很清晰,伸展远达400千米之外(图4-24)。而在它附近,几个比它大得多的环形山却没有辐射纹,这是为什么呢?科学家们认为,辐射纹是由降落到月面上的小天体猛烈撞击引起的,它与中心的环形山应同时生成。辐射纹可能是从撞击区以极低角度溅射出去的明亮物质和暗色物质的混合物。保留辐射纹的环形山应比较年轻,布鲁诺环形山形成至今大概只有几亿年,而大多数的环形山是在十几亿年甚至几十亿年前生成的,它们的辐射纹在后期的撞击事件和太阳风等的作用下会逐渐变暗,难于保留至今。

月球表面不少地区还有一些暗色的大裂缝,弯弯曲曲绵延数百千米,宽度达几千米到几十千米,看起来很像地球上的峡谷,其中较宽的峡谷称为"月谷",较窄的沟谷则称为"月溪"。最著名的月谷是阿尔卑斯大月谷,它连接雨海和

图4-24 月球背面布鲁诺环形山美丽的辐射纹

图4-25 阿尔卑斯大月谷（图中右上方）

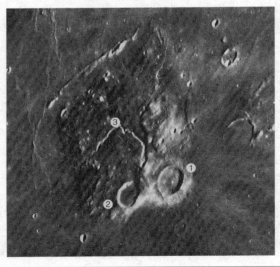

图4-26 施罗特尔月谷（图中③所示）。它起始于图片中①和②，即阿利斯塔克环形山和希罗多德环形山之间偏北的地方，蜿蜒大半圈，逐渐消失

冷海，把月面上的阿尔卑斯山脉拦腰截断，很是壮观（图4-25）。从太空拍得的资料估计，它长达130千米，宽约10~12千米。月面上最长的月谷是莱依塔大月谷，长约500千米，宽20~30千米，它位于南海东北面、詹森环形山以东的月陆上。风暴洋中一块月陆上的施罗特尔月谷（图4-26）也很有名，它长约160千米，宽约5千米，呈不规则的半圆弧形，是月面上形状很特殊的一条月谷。

比月谷细小的沟谷称为月溪。月溪在月面上是相当普遍的，其中著名的月溪就有二三十条之多。例如，在月球正面中部区域静海与汽海之间的地方，就有两条相当长的月溪，仿佛彼此通过接力要把静海与汽海完全连起来似的。它们就是靠近静海的阿利亚代乌斯月溪和靠近汽海的希吉努斯月溪，前者长约250千米，后者长约220千米（图4-27）。

月谷与月溪有多种形成方式。有些月谷和月溪是因火山爆发产生熔岩流的流动而形成的，有些是小天体撞击月面时形成的辐射纹的残余，个别月谷与月溪甚至是月面上许多小环形山和撞击坑成排分布形成的裂缝。

图4-27   月球正面中部的两条月溪。图中①为阿利亚代乌斯月溪，②为希吉努斯月溪，③为儒略·恺撒环形山，④为特瑞斯涅克环形山，⑤为阿格里帕环形山。该图表明这两条月溪正好位于上面三个环形山之间

月球表面的土壤

1969年7月20日，美国宇航员阿姆斯特朗第一个登上月球时说："月球表面是美丽的，就像铺了一层细细的碳粉，可以清楚地看到脚印。"阿姆斯特朗所说的这层"细碳粉"就是月壤，也称浮土（图4-28）。人类通过地面上对月球的天文望远镜观测、人造卫星和环月飞船的遥感探测、苏联无人驾驶月球车的探

图4-28   覆盖月球表面的、松散的、细颗粒粉末状的月壤

测，以及6艘"阿波罗号"飞船的宇航员登月后对月面的巡视勘察，发现整个月面几乎都覆盖着一层细粉状的风化物质——月壤。

月壤是由岩石碎屑、粉末、角砾、撞击熔融玻璃等物质组成的混合物。根据探测结果分析，除了极少数非常陡峭的撞击坑和火山通道的峭壁可能有裸露的基岩外，整个月球表面都覆盖着一层厚度为1~20米的月壤。

月壤是怎样形成的？月球上虽然没有水和空气，但月表仍在不断发生变化。月球上的昼夜温差可达到300℃，强烈的热胀冷缩效应会造成岩石的破裂；大大小小的"天外来客"毫无阻挡地轰击着月球表面，直接使岩石破碎；太阳风和宇宙射线带来的高能粒子不断轰击月球表面，也会破坏岩石的晶体结构，促使岩石破裂；火山爆发更会形成大量的岩石碎屑和火山灰……这些都是导致月壤（图4-29）产生的不同"身世"。

月壤的结构比较松散。"阿波罗15号"的宇航员登月后，曾钻取了长243厘米的月壤岩芯带回地球。科学家对它们进行了详尽的研究，认为月壤是月球长期受小天体冲击产生的溅射物堆积而成的。

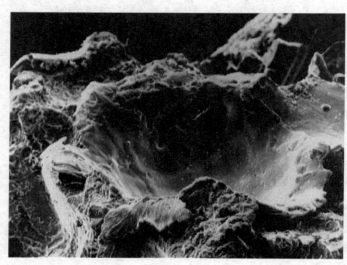

图4-29 高倍电子显微镜下的月壤颗粒。微陨星撞击月球表面，导致月壤颗粒表面形成许多微小撞击坑

图4-30　"阿波罗号"飞船的宇航员正在
对月壤的性质进行初步的检测和研究

进一步的分析表明,月壤中大约有5%的岩屑来自100千米以外的溅射物,而来自1000千米以外的溅射物仅占0.5%,50%来自附近3千米范围内。因此,月壤中的绝大部分物质是就地及邻近地区的物质所提供的。

月壤的堆积速度极其缓慢。据计算,大约10亿年才能堆积出1.5~3米厚的月壤。但在35亿~40亿年前,即月海盆地的形成时期,月壤的堆积速度可能比现在大一个数量级。根据12位"阿波罗号"飞船的宇航员对月壤的探测和采集(图4-30和图4-31)得知,月海区月壤厚度平均为4~5米,而月陆由于暴露于月球表面的时间较长,历次撞击产生的溅射物的覆盖使得那里的月壤堆积较厚,其平均厚度为8~10米。

图4-31 "阿波罗号"飞船的宇航员正在月球上采集月壤样品

　　月壤的物理性质和化学性质如何？从其成因可以知道月壤的组成极其复杂，其中的角砾、岩屑、细粉尘、玻璃等由于来源不同，在矿物种类和化学成分上也有很大差异。其中的玻璃主要是在小天体撞击时高温熔融而快速凝固产生的，当然也含有一部分火山玻璃。月壤中玻璃的形状不规则，颗粒大小约100微米，颜色因其成分不同而异。玻璃构成了月壤中胶结其他岩石与矿物碎屑、粉末的主要组分。

　　由于长期承受小天体撞击，加上太阳高能粒子和宇宙带电粒子的持续轰击，月壤富含稀有气体。这些稀有气体的来源分别是：太阳风粒子的注入使月壤明显富集太阳风组分，包括挥发性化学元素和同位素如氢、氦、氮、碳等；宇宙线与月壤物质相互作用产生氦3、氖20和氩38等核素；由铀、钍和钾衰变产生氦4、氩40等。月壤中的稀有气体储存了独特的太阳辐射历史，完整地记录了40亿年来太阳活动的历史。

　　月壤暴露于月球表面所发生的各种变化称为熟化。如果新鲜月壤在月球表面暴露的时间足够长，其成分将相对稳定，达到成熟状态；如果在月球表面暴露的时间短，很快被埋于次表层，则处于不成熟状态。次表层月壤并不会永远被掩埋,后续撞击事件很可能使其翻转,重新暴露于月球表面,时间足够长后仍能逐渐成熟。如此循环,最终会使不同深度的月壤成熟度逐步趋同。根据在月球表面暴露时间的不同,可将月壤划分为不成熟、亚成熟和成熟3大类。月壤的成熟度越高,说明月壤暴露在月球表面的时间越长,其中稀有气体的含量也就越高。稀有气体中的氦3是进行可控核聚变发电的主要燃料。因此,寻找高成熟度月壤的分布区域,是人类未来建设月球基地选址的一个重要标准。

第五章 月球的内部结构及其组成

在太阳系各个星体中，我们对地球的内部结构了解得最详细，并且常常借助较成熟的研究地球内部结构的方法去探究别的星体。地球的内部结构就像一个鸡蛋，分成"蛋壳"（地壳）、"蛋清"（地幔）与"蛋黄"（地核）。最外面的地壳，就像是鸡蛋的"蛋壳"一样，薄薄的一层，分为大陆地壳和海洋地壳，大陆地壳平均厚度约30~40千米，海洋地壳平均厚度约8~10千米。"蛋清"（地幔）可进一步分为上地幔、过渡带和下地幔三部分：从地球表面至400千米深处是上地幔；距地球表面400~650千米深处是上、下地幔的过渡带；距地球表面650~2890千米深处是下地幔。"蛋黄"（地核）可分为两部分：距地球表面2890~5150千米是液态的外地核；距地球表面5150千米直至地球中心是固态的内地核（图5-1）。

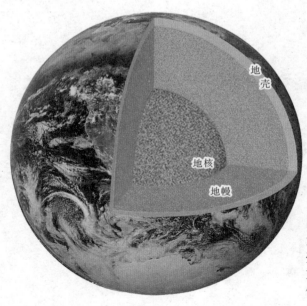

地壳

地核

地幔

图5-1 地球内部结构示意图。地球内部可分为地壳、地幔和地核三层，正如文中所述，对这三层还可作进一步的划分

月球,作为地球唯一的天然卫星,其内部是否也具有类似的圈层呢?根据对6次"阿波罗号"飞船的宇航员安置在月球上的月震台记录资料等的研究,以及"克莱门汀号"、"月球勘探者号"对月球的探测,得知月球内部也有自己的圈层结构,本章将对此作进一步的介绍。

月震探测建功勋

地震探测是了解地球内部结构的重要方法。尽管月球上的月震活动比地球上的地震活动要微弱得多,但月震探测依然是了解月球内部结构最有效和最直接的方法。月震记录就是记录由震源产生并在周围岩石介质中传播的弹性波。通过确定震源的方位和发震机理,可以了解月球内部的活动性、状态和应力分布。月震信号还蕴含月球内部传播介质的信息。因此,通过月震观测记录,可以了解月球的内部结构和物质组成。

月震台的工作原理与地震仪一样。最简单的地震仪上,有一块重物吊挂在弱弹性弹簧上,弹簧的另一头装在一个支座上,而支座则牢牢地固定在岩石上。这样,在地动时,重物会由于惯性而保持不动,但固定在岩石上的弹簧则会随着地动而发生轻度的伸缩,这时安装在重物上的笔就会把弹簧的运动记录下来。地震仪就是利用这样的原理制成的。当然,地震仪的实际结构要复杂得多,而且根据地震测量工作的需要, 其品种、型号也是多种多样的。例如,图5-2所示就是一种用于记录微震的62型地震仪。

探测月震的月震台的结构

图5-2 一种记录微震的短周期、高放大倍数的62型地震仪

显然更加复杂,一方面是由于月震活动非常微弱,平均释放的能量低于地震活动7个数量级,因而所研制的月震台必须比地震仪灵敏得多;另一方面,月震台必须能将所获得的测量结果自动地用无线电波发回地球,因此必须配有能完成这一职能的相关装置。1969年7月20日,"阿波罗11号"的宇航员首次将月震台安装在月球表面上。在这以后,1969年11月19日登月的"阿波罗12号"、1971年2月5日登月的"阿波罗14号"、1971年7月30日登月的"阿波罗15号"、1972年4月21日登月的"阿波罗16号"和1972年12月11日登月的"阿波罗17号",这5艘飞船的宇航员分别在月面上安装了月震台(图5-3)。所有的月震台,除"阿波罗11号"宇航员安装的只工作了21天外,其余5次安装的月震台均连续工作,其中持续时间最长的取得了长达8年的月震记录资料。

6次"阿波罗号"飞船登月所安置的月震台,全都在它们的登月地点附近,其具体位置如图5-4所示。它们全都位于月球正面,没有一个月震台安置在月球背面。这种缺憾只能等到人类重返月球时加以弥补了。

图5-3 "阿波罗16号"宇航员登月时安装的月震台露出月面的部分

日本于1991年启动的"月球A计划",曾打算利用绕月探测器飞行过程中发射穿透式着陆器的方法,在月面上安装多个月震台。这个设想极具创

图5-4　6次"阿波罗号"飞船在月面上的着陆点。图中A-11表示"阿波罗11号"着陆点，其余类推。6次登月安装的月震台也在那里。本图右侧为上弦时可见的半个月球，左侧为下弦时可见的半个月球。6次登月的地区已在图中绘出，它们分别是："阿波罗11号"，静海；"阿波罗12号"，风暴洋；"阿波罗14号"，弗拉摩洛环形山；"阿波罗15号"，亚平宁山哈德利峡谷；"阿波罗16号"，笛卡儿高地；"阿波罗17号"，澄海旁泰尤留斯–利特罗夫峡谷地区

新性，但困难的是，穿透式着陆器及其所携带的月震台中的电子器件无法承受钻入月壤时产生的强大冲击力。由于关键技术问题未能攻克，日本政府被迫于2007年1月30日宣布取消该计划（图5-5）。

　　绝大多数月震是由天然因素引起的，包括月球内部因多种因素引发的月震和陨石撞击月球表面所引起的月震都属于这种情况；但

也有很少几次月震是由人工因素引起的,例如人类因某种原因发射的火箭撞击在月面上便是如此。

月震时,作为弹性体的岩石受到震动,会产生两类弹性波从震源向外传播。第一类波的特性犹如声波,它依靠介质交替的挤压(推)和扩张(拉)而传播。形象地说,可以把介质的张弛想象为手风琴的一张一合。在月震时,这种类型的波从震源以相同的速度向所有方向外传,交替地以挤压和扩张的模式穿过岩石。这种类型的波叫纵波,也称P波。月震产生的第二类波是横波,也称S波。在S波通过时,岩石的表现与在P波传播过程中不同。S波涉及剪切而不是挤压,它的传播则像我们所熟悉的蛇行那样,其蜿蜒方向正好和

图5-5 日本于1991年启动后又被迫取消的"月球A计划"构想图。"月球A计划"打算在绕月探测器接近月球时, 发射两个穿透式着陆器钻入月壤中一定深度。着陆器的头部携带着一个月震台,可以精确测量月球的震动,从而推测月球的内部结构

前进方向成直角。P波比S波行进得快些, 因此P波总是先到达月震台。根据S波的滞后时间,可以算出月震发生的地点。根据3个或3个以上的月震台所测得的方位和距离,则可以精确地定出震中(月球表面直接位于震源之上的那个地点)的位置。

科学家通过对天然和人工月震产生的P波、S波数据的分析研究,证明月球内部也具有圈层结构;各圈层交界处离月球表面的距

离主要是根据月震波速的变化得到的,例如,月壳与月幔的交界处便是根据月震波波速在此处发生突变的特性而划分的(图5-6)。

　　月震波还可为我们提供月球各圈层物质组成的信息。测定月震波速度的变化表明,月陆是由富含铝的斜长岩及苏长斜长岩组成,那里 P 波的波速为 6.3~7.0 千米/秒。上月壳的波速介于月海玄武岩与非月海玄武岩的波速之间;下月壳的波速类似于地球上的辉长岩和斜长岩的波速。月幔顶部P波的波速为8千米/秒,而S波的波速为4.6千米/秒。在月幔与月壳之间的某些地方(图5-14)有一过渡层,称为月震波高速带,那里 P 波的波速为 8~9 千米/秒。

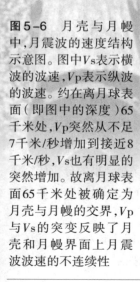

图5-6　月壳与月幔中,月震波的速度结构示意图。图中Vs表示横波的波速,Vp表示纵波的波速。约在离月球表面(即图中的深度)65千米处,Vp突然从不足7千米/秒增加到接近8千米/秒,Vs也有明显的突然增加。故离月球表面65千米处被确定为月壳与月幔的交界,Vp与Vs的突变反映了月壳和月幔界面上月震波波速的不连续性

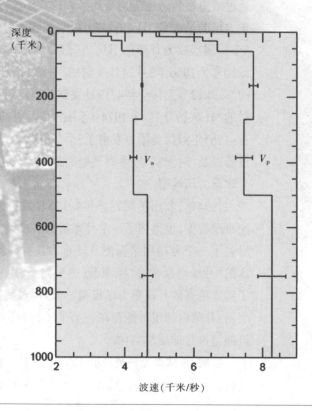

月球重力场及其他

除月震探测是研究月球内部结构的主要方法外,还有一些其他方法对月球内部结构的探索也起了重要作用,特别是对月球重力场的探测和测定。

月球重力场是月球内部物质分布的反映,通过对月球重力场的探测,并与月震探测以及其他探测相配合,可以更有效地研究月球的内部结构。

月球重力场的测定是通过对绕月轨道器的跟踪探测来实现的,即利用月球轨道器或绕月卫星作为月球重力场的探测器或传感器,通过对卫星轨道的运动及其参数的变化进行研究,以此来探索月球重力场的结构。20世纪60~70年代,苏联发射的"月球号"系列中共有6个探测器成为月球的卫星,它们分别是1966年3月31日发射的"月球10号"、1966年8月24日发射的"月球11号"、1966年10月22日发射的"月球12号"、1968年4月7日发射的"月球14号"、1971年9月28日发射的"月球19号"以及1974年5月29日发射的"月球22号"。1965年8月~1967年8月,美国也发射了5个"月球轨道器"。通过对这些绕月轨道器以及"阿波罗号"系列飞船的跟踪定轨,分别得到了较低精度的月球重力场模型。

1994年,利用美国在该年1月25日发射的"克莱门汀号"探测器的跟踪数据,也得到了一个月球重力场模型。1998年1月7日,美国又发射了一个专门用来探测月球重力场并探测月球两极是否存在水冰的"月球勘探者号"探测器(图5-7),利用它的轨道跟踪数据得到了精度更高的月球重力场模型。而且,对其探测结果的分析研究还表明,月球内部很可能存在一个半径约为300千米的铁核,其质量很可能超过月球质量的1%。

目前,月球重力场模型的主要问题是在月球背面大约33%的区域还缺乏直接探测数据,迫切需要今后进一步的探测来填补这一空白。

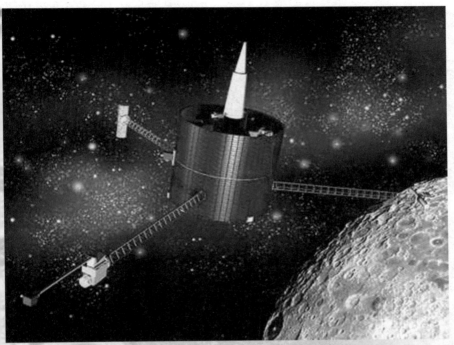

图5-7　环绕月球飞行的"月球勘探者号"探测器探测月球构想图

　　必须指出的是,在以往的探索工作中,科学家们发现每当探测器运行至月面某些区域上空时,速度会稍稍增加,这是由于该区域的重力较强,对探测器的吸引力大大增加所致。但在外观上,这些地区不少属于低地,似乎有些来历不明的较大质量的高密度物体埋在月面之下使得其重力变强,因此这些地区称为"质量瘤"(图5-8和图5-9);而另有一些区域则呈现出重力低于平均值的情况。

　　为什么月球上有些地区出现了质量瘤,有些地区又会出现重力低于平均值的情况呢? 科学家们至今尚未取得共识,但已提出了几种解释。有的科学家认为,质量瘤是由一些较高密度的小天体坠落月球表面所致。也有人认为,小天体撞击月面后,月面物质飞散本应令该区重力减小,但若撞击力足够强大,有可能导致撞击坑坑底反

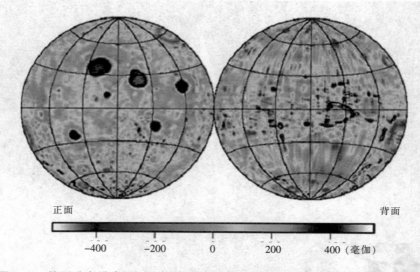

正面   背面

-400   -200   0   200   400（毫伽）

图 5-8 月面重力异常图。图中,灰黑色的大小斑块是"质量瘤",是重力严重偏高的地区;红色区域重力偏高;黄色区域重力稍高;绿色区域重力正常;蓝色区域则是重力偏低的地区。本图根据用"月球勘探者号"的探测资料建立的重力场模型绘制。在重力测量中,定义厘米/秒²为伽尔(gal),简称伽,以纪念著名科学家伽利略。毫伽(mgal)则为千分之一伽,即 1 毫伽 =1 × 10⁻³ 厘米/秒²

图5-9 月球探测器、月球、地球的构想图。月球探测器的飞行受到月球引力的影响,如果月球某一地区存在质量瘤,这一地区对月球探测器的吸引力将大大增加,这时候就需要提前采取措施调整探测器的飞行轨道和姿态,以免探测器被月球吸引过度而最终撞向月球

弹,使密度较大的月幔上涌,形成质量瘤。雨海、澄海、危海、酒海等几个最大的盆地都存在质量瘤,很可能就是这样形成的。另一方面,静海、丰富海、云海、汽海等地区的重力却低于正常值,这可能是由于小天体撞击力度不足,不能令月幔上涌而造成的。至于直径100千米以下的撞击坑,也往往由于撞击力不足,而呈现为低重力区。一些月壳较厚的地区,月幔难以上涌,因此即使南极的爱肯盆地也是低重力区。

　　还有一些科学家认为,质量瘤是月球本身演化的一种产物。例如有的学者认为,初始月壳形成以后,由于小天体撞击月球表面"开凿"出许多月海盆地,盆地深达8千米,在月海盆地中月壳较薄,月壳的密度约2.9克/厘米^3,低于月壳之下约3.3克/厘米^{3}的月幔的密度。由于初始月壳形成时,月面之下还处于可塑的、炽热的状态,结果产生了对流。下部稠密的物质像"塞子"那样涌上,达到月海盆地底部均衡补偿,最终达到重力平衡;重力平衡后,由于月海玄武岩大面积喷发,其覆盖面积占整个月球表面积的1/5,而月海玄武岩的密度达到3.2~3.3克/厘米^3,比月面上其他地方的密度高,因此月海盆地便因质量过剩而产生重力异常。总之,各种见解众说纷纭,这个问题还有待今后作进一步的研究。

　　除月震探测和月球重力场探测两种方法外,对月球磁场和电导率的探测以及对月面的热流测量也可用来研究月球的内部结构。月球目前已没有地球那种偶极磁场和统一的磁极,但还存在变化磁场,这种变化磁场是由太阳风(图5-10和图5-11)在月球内部因电磁感应作用而产生的。利用灵敏磁力仪在太阳耀斑爆发和强太阳风时测定瞬时磁感应,可以得到月球的变化磁场,并可推算出月球内部岩石的电导率及其分布,进而研究月球的内部结构、物质状态以及温度分布。月球内部还在不断向外释放热量,这种热流是由月球内部的放射性同位素在衰变过程中产生的热量所引起的。"阿波罗15号"和"阿波罗17号"飞船使用高灵敏度的测热计,测出月球表面单

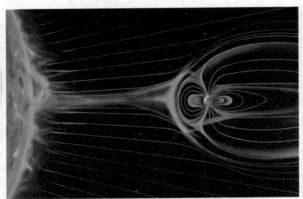

图 5-10 太阳风与地球磁场示意图。太阳风从左侧"吹"来,从地球磁场周围绕过,继续前行,因而无法直接轰击地面。但是,由于月球没有全球性的偶极磁场,会直接遭受太阳风的轰击

图5-11 这张照片是由第一位踏上月球的"阿波罗11号"宇航员阿姆斯特朗拍摄的。影像的主题是"小鹰号"登月舱及其驾驶员奥尔德林。当时,他正在展开一面称为太阳风收集器的长形铝箔。面对着太阳的薄铝箔,会挡住从太阳抛射出来的太阳风离子,并将其收集起来

位面积上的平均热流相当于地球表面的1/3。这正是一个与月球内部结构密切相关的需要解释的问题。

月壳、月幔和月核

近40年来,由于采用了上文中介绍的多种探测方法,对月球内部结构的研究已取得巨大进展。月球除了表面上覆盖了一层薄薄的月壤之外,内部可以分为月壳、月幔和月核3层。这3层的基本情况是:

(1) 月壳

月壳厚度约为65千米,约占月球总体积的10%。月壳由高地月壳和月海月壳两大基本单元构成,其中高地月壳主要由斜长岩组

成,而月海月壳主要由玄武岩组成。不同区域的月壳厚度不同,一般月球正面月壳的厚度平均约50千米,而月球背面月壳的厚度平均约74千米(图5-12)。

高地月壳主要由斜长岩、富含镁的结晶岩套、克里普岩和角砾岩4大类岩石组成。斜长岩是由富钙的斜长石及少量低钙辉石、橄榄石和单斜辉石组成的。富含镁的结晶岩套一般包括苏长岩、橄长岩、纯橄岩和辉长斜长岩等。克里普岩是地球上没有见过的岩石,富含钾(K)、稀土元素(REE)和磷(P),它们的化学符号合在一起为KREEP。因此,人们将这种岩石命名为KREEP,汉译为克里普岩。它是因岩浆分异或残余熔岩结晶而形成的富含挥发组分元素的岩石,其中铀、钍、钡、锶及

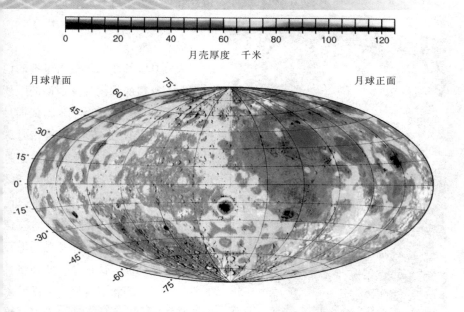

图5-12　月面上不同位置处月壳的厚度。图中上端标尺中列出不同厚度月壳(以千米为单位)的颜色图例,将月面上不同位置处的颜色与标尺相对照,便可得知该处月壳的厚度。本图左侧数字表示坐标线的月面纬度,0°处是月面上的赤道。图中月球拉得十分扁长是为了将月球正面和背面同时绘在一张图上

稀土元素的含量很高。角砾岩是一类很特殊的岩石,它是由月球高地岩石和月海岩石经冲击破碎、部分熔融和胶结而形成的。

月海物质主要由玄武岩(图5-13)和角砾岩组成。月海玄武岩的主要矿物为辉石、富镁橄榄石及富钙长石,其中二氧化钛的含量在0.5%~15%之间。科学家根据其二氧化钛的含量把这些玄武岩分为3种类型:高钛玄武岩、低钛玄武岩和高铝玄武岩。其中高钛玄武岩含二氧化钛大于7.5%,这表明月海玄武岩中的钛和铁是月球上有待开发的、极富潜力的矿产资源。此外,与上面介绍的高地角砾岩相似,在月海区,由于撞击作用,同样可以产生大量的主要由月海玄武岩经冲击破碎、部分熔融和胶结而形成的角砾岩。

图5-13 "阿波罗16号"宇航员采集的月海玄武岩在显微镜下的照片

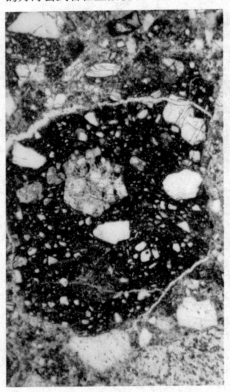

(2) 月幔

天然月震和小天体撞击事件的记录表明,月幔底部离月球表面的距离约1000千米至一千几百千米(依据月核的大小而定)。这表明,月幔占月球总体积的5/6以上。月幔可分为上月幔、下月幔和衰减带。本章的图5-6中,在离月球表面500千米深度附近,月震波纵波的波速V_p和横波的波速V_s都出现了突然增加,这表明那里存在一个不连续面,这正是在此处将月幔划分为上月幔和下月幔的依据。离月面深约1000千米处,被定为下月幔与衰减带的分界面。那里是深部月震的发源处,由于物质部分熔融而引起月震波衰减,衰减带之名正是由此而来。上月幔与下月幔主要由辉石和橄榄石组成；但在上月幔中，辉石占的比例较大；而在下月幔中，情况正好相反，橄榄石所占的比例较大。同时在月幔中，当离月面的距离增加时，其温度也在不断上升。科学家们经探测和研究发现，离月面65~100千米处，温度不足250℃；离月面700千米处，温度约550℃；离月面1100千米处，温度达950℃。

（3）月核

月核的大小至今难以确定。"阿波罗号"飞船的宇航员在月面上安放了多个月震台，这些月震台记录了较大的小天体撞击月面引发的月震所产生的压缩震波。根据这些震波中P波衰减，S波完全消失的特征推测，月球内部可能有一个半径约700千米的月核；而前文已谈到，"月球勘探者号"对月球重力场探测结果的分析则表明，月球中心可能存在一个半径约300千米的固态铁核。有人采用其他方法所作的探讨结果也与其很不一致，但都在300~700千米的范围之内，所以我们只能说月球拥有一个半径为300~700千米的中央核球。

于是，对于月球的内部结构问题，我们最终得到了如图5-14的图像。

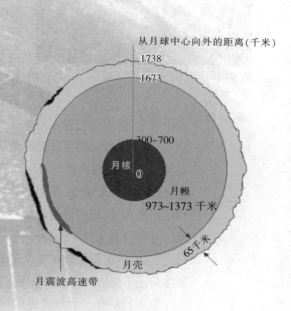

从月球中心向外的距离（千米）

1738

1673

300~700

月核

月幔
973~1373 千米

65千米

月壳

月震波高速带

图5-14　月球的内部结构示意图。按照月球的平均水准面，取月球表面离月球中心的平均距离为1738千米。除月面上覆盖一层不足0.1千米的月壤外，月球内部共分3层：最外层的月壳平均厚度为65千米，在月壳与月幔交界处，有的区域存在着月震波高速带；中间层月幔的厚度为973 ~ 1373千米；最里层的月核半径为300 ~ 700千米

图5-15 英国天文学家威廉·赫歇尔

诱人的月面暂现现象

行星的能源可分为外来能与内生能。外来能主要包括太阳能、天体间相互作用的引力能及小天体撞击行星时由动能与势能转变来的热能等；内生能包括行星物质的各种化学过程、结晶作用产生的化学能及核衰变、重核自发与诱发裂变和各种类型的核反应所产生的核转变能。核转变能是行星内部物质演化的主要能源。一颗行星是否有活力，关键取决于其内部有没有能源，有能源就会发生地震，就会有火山爆发，如同我们现在的地球。与地球相比，月球内部的能源已近枯竭，月震所释放的能量低于地震7~8个数量级，月球内部显得十分寂静。那么，月球内部是否完全沉寂了呢？从200多年来观测到的大量月面暂现现象来看，情况并非如此。月面暂现现象是指月面上出现的局部闪光，或以暗淡而模糊的辉光形式表现出来的激烈活动现象。月球没有大气的保护，一有小天体撞击就会出现爆炸，从而引起闪光，这当然也算是月面暂现现象。但实际上人们看到的这类现象，更多的还不是由外来小天体撞击造成的，而是出于月球内部的变异。

早在1783年，蜚声世界的英国天文学家威廉·赫歇尔（William Herschel，图5-15）就发现月球表面未受光照的阴暗部分有一个地方在发光，它的亮度相当于一颗红色的4等星。

1892年，美国天文学家巴纳德（Edward Emerson Barnard）发现，具有明亮辐射纹系统的泰勒斯环形山被一种"暗淡的发光烟雾"所充满，而当时该环形山周边其他月面轮廓却极其清晰。

1952年4月3日晚，英国天文学家兼著名天文科普作家穆尔

(Patrick Moore,图5-16)发现,柏拉图环形山底部原先几个清晰的撞击坑完全看不见了,那里似乎正有气体挥发出来,挡住了这些细小结构。

1955年,阿特(Dinsmore Alter)博士在美国威尔逊山天文台分别用近红外光和蓝-紫光拍摄月面上阿方索环形山的照片,结果在近红外光的照片中,其图像清晰,而在蓝-紫光的照片中,环形山的底部却出现了模糊现象。分析其原因,只能归于那里有气体冒出,影响了蓝-紫光照片的清晰度,而近红外光因为可以穿透这些气体,因此成像依然清晰。

图5-16　英国天文学家穆尔

1958年11月3日,苏联天文学家科兹列夫(Николай Александрович Козырев)也发现,阿方索环形山因冒出气体,结果其中央峰被笼罩在一团淡红色的"云雾"中,他还拍摄了这些气体的光谱。

1963年10月30日,美国天文学家格林纳克里(James Greenacre)和巴尔(Edward Barr)在阿利斯塔克环形山内观测到红色、粉红色的斑块。该环形山是频繁发生月面暂现现象(图5-17)的

图5-17　月面暂现现象构想图

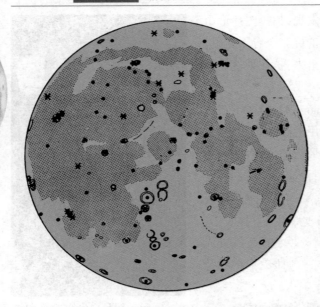

图5-18　穆尔和米德勒胡斯特所绘的月面暂现现象分布图。图中作为背景的阴影表示月海，左侧是风暴洋。*表示那里曾发生过冒出红色气体的事件，黑点则表示那里曾发生过其他月面暂现现象

地方，别的天文学家还采用光谱学方法拍摄了它冒出气体的光谱。

除专业天文学家外，更多的天文爱好者也加入了观测、研究月面暂现现象的大军，他们还屡有斩获并一再作出报告。例如在我国，1992年7月16日，广西两位天文爱好者许俊和林朝晖在21时28分各自独立地发现，月面上危海东部边缘区域有一处变成了鲜艳的红棕色，前者估计其面积有200千米×80千米，后者估计其面积只有140千米×50千米。他们还发现，在21时37分该处的红棕色消失，但在21时48分又再次出现，直到3分钟后这一现象才彻底消失。

20世纪晚期，穆尔和米德勒胡斯特(Barbara Middlehurst)收集了数百起月面暂现现象的报道，并编制成表，绘出概况图(图5-18)，由美国国家宇航局刊印出版。

1999年，法国天文学家多尔菲斯(Audouin Charles Dollfus)观测到了朗格伦环形山内出现的月面暂现现象。也许他下面这段话是对月面暂现现象十分出色的概括：

"1992年12月30日，我记录到了以前在月球表面朗格伦环形山底部没有出现过的一些发光现象，它们的形状和亮度在3天之后发

生了明显的改变。这些发光现象还短暂地表现出具有偏振光特性。很显然，它们是在月球表层下逸散出来的气体作用下，由抛撒到月面上的尘埃粒子导致的。所以，月球并不是一个完全死寂了的天体。"

　　总的说来，月球内部的活动确实并不强烈。但上述如此之多的月面暂现现象表明，月球内部也不是完全沉寂的，还存在着一些小规模的活动。"阿波罗号"的宇航员们在月球上安装了多个月震台，这些月震台工作期间，在剔除小天体撞击产生的月震之后，每年都记录到来自月球内部的1000多次月震。

月球的化学成分

　　对月壳和整个月球化学成分的探讨，首先立足于人类已从月面上不同地区取回的许多月壤、岩石等样品(图5-19)，同时地球上收集到的月球陨石也提供了来自月球的实物，人们已经对这些实物作了大量的分析研究。但是，光靠它们还是不够的，特别是对无法采集到样品的月幔、月核化学成分的研究，必须同时借助于研究形成太

图5-19　"阿波罗15号"宇航员从月球采集的岩石样品，重114克，铸在一个三角形的有机玻璃体内。这块岩石属于角砾岩，形成于距今39亿年前，它比绝大多数的地球表面岩石更为古老

阳星云的凝聚条件、月球的起源、月球内部结构、月球从外向内的密度分布、月球表面的热流值以及各类月岩的成分等,需要对这些方面进行综合分析、对比和计算。对整个月球平均化学成分的探讨是至关重要的,它既是探讨类地行星(水星、金星、地球、火星)的平均化学成分和化学演化的重要旁证,也是研究太阳星云凝聚和太阳系演化的重要组成部分。

近40年来,中国科学院地球化学研究所在月球化学的研究方面做了大量出色的研究工作(图5-20)。作为一本普及性的著作,本书不拟详细阐述其研究方法和大量的研究成果,但可以概括地说,他们已与国外同行一起,在月球化学的研究方面取得了重要进展。

表5-1中列出的是月球的平均化学成分。该表的上半部分列出了月海玄武岩源区、月壳和整个月球中8种主要氧化物的质量百分比,由于月海玄武岩是由月球内部岩浆喷出填充在月海盆地表面上的,因此月海玄武岩源区的化学成分在一定程度上可以代表月幔的物质组成。可以看出,90%以上的月球重量是由铁、氧、硅和镁4种元素组成的,它们是构建月球大厦的"砖瓦"。但表中列出的8种氧化物并不是互不相关、各自独立地存在于月球中,而是有更进一步的复杂组合的。在这些主要化学成分中,氧是唯一以阴离子形式存在的元素。显然,氧可以与那些半径

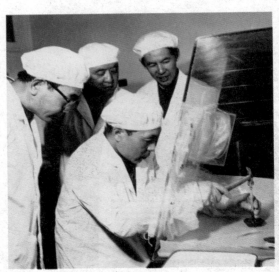

图5-20　1978年在中国科学院地球化学研究所实验室内,天体化学家欧阳自远（中坐者）等打开有机玻璃包装,准备取出"阿波罗号"飞船带回的月球岩石样品,开展研究工作

小、电价高、离子电位高的元素，如Si^{4+}、Al^{3+}等，呈配位键结合，因月球中铝含量偏低，其主要与硅形成硅氧络阴离子（化学分子式为$[SiO_4]^{4-}$）。而氧与Na^+、Mg^{2+}、Fe^{2+}、Ca^{2+}等元素相互作用时，只能呈离子键结合，这些元素在争夺氧方面的本领根本不能与硅和铝相比，除非在硅和铝极少时，Mg^{2+}、Fe^{2+}才能代替它们，一般情况下均不能与氧形成络阴离子，只能在硅(铝)氧络阴离子之外，呈典型的自由离

表5-1 月球的平均化学成分(质量百分比)

主要化学成分（%）			
	月海玄武岩源区	月壳	整个月球
SiO_2（二氧化硅）	46.8	42.3	44.6
TiO_2（二氧化钛）	0.4	0.2	0.3
Al_2O_3（氧化铝）	3.7	3.7	3.7
Cr_2O_3（氧化铬）	0.5	0.3	0.4
FeO（氧化亚铁）	16.7	11.1	13.9
MgO（氧化镁）	27.5	39.3	33.4
CaO（氧化钙）	4.1	2.7	3.4
Na_2O（氧化钠）	0.06	0.04	0.05

微量元素在整个月球中的含量（微克/克）			
Li（锂）	0.83	Ba（钡）	0.8
Be（铍）	0.18	La（镧）	0.9
B（硼）	0.54	Ce（铈）	2.34
Sc（钪）	19	Pr（镨）	0.34
V（钒）	150	Nd（钕）	1.74
Cr（铬）	4200	Sm（钐）	57
Rb（铷）	0.28	Eu（铕）	0.21
Sr（锶）	30	Gd（钆）	0.75
Y（钇）	5.1	Tb（铽）	0.14
Zr（锆）	14	Th（钍）	125
Nb（铌）	1.1	U（铀）	0.33
Cs（铯）	0.012		

子。这些离子与有效电价高的硅氧络阴离子结合构成了各种类型的硅酸盐,地质学中称这种结晶的硅酸盐为矿物。不同的矿物组合形成不同的岩石类型,如月海玄武岩,主要由辉石[天然产出的钙、铁、镁的硅酸盐化合物,化学分子式表示为:$(Ca,Fe,Mg)_2Si_2O_6$]、富镁橄榄石[橄榄石是指天然产出的铁、镁的硅酸盐化合物,化学分子式表示为$(Mg,Fe)_2SiO_4$,富镁橄榄石是指镁含量比较高的橄榄石]和富钙长石[钙长石是指天然产出的钙、钠的铝硅酸盐化合物,化学分子式表示为$(Ca,Na)(Al,Si)_4O_8$]等矿物组成。因此,月球主要由硅酸盐矿物组成,另外还含有少量的氧化物矿物、硫化物矿物、自然金属(铁)矿物和磷酸盐矿物等。

表5–1的下半部分则列出了各种微量元素在整个月球中的含量,其单位采用微克/克,即每克月球物质中含有多少微克(1微克=10^{-6}克)。这种表示法实际上也给出了月球上这些微量元素的丰度。所谓元素丰度是指微量元素在月球上单位质量物质中平均所占的百分比,但由于它们的含量太少,就不用百分比表示,而用微克/克表示,即相当于使用1克中含有多少个百万分之一克来表示。在大多数情况下,它们往往以次要组分的方式分布在上面这些主量元素形成的矿物中。微量元素虽然在月球中含量极微,但对它们的作用却不可低估。主量元素构筑了月球物质的主要化学组成,而微量元素在判别和恢复一些微细且十分重要的化学过程中发挥着重要作用,如判断岩石的成因及其物质来源、作为某种矿物形成条件的判据和对岩浆演化阶段的判别等。

第六章 月球的起源

20世纪60年代末,已出现了3种主要的月球起源假说,即认为月球是从原始地球分裂出去的分裂说、月球是被地球俘获来的俘获说,以及月球是由一个与地球共同的星云凝缩而成的共生说。人们曾一度期望1969~1972年实施的"阿波罗计划",通过对月球的探测以及对宇航员从月球上采集回来的岩石样品(图6-1)的分析,能够判断这3个假说孰是孰非,从而解开月球起源之谜。但实际的结果是,随着对月球探测和研究的深入,人们发现上面3种假说都存在着这样那样的破绽。本章先讨论地球的卫星月球的奇特之处,然后对照这些奇特之处,对月球起源的3种假说逐个加以剖析,最后较为详细地介绍20世纪70年代中期问世的、目前获得广泛支持的月球起源

图 6-1 "阿波罗号"飞船的宇航员从月球上采集的岩石样品之一

图6-2　太阳系八大行星和月球的示意图

新假说——大碰撞分裂假说。

与众不同的月球

太阳系中的八大行星(图6-2)可以分为两大类:离太阳较近的水星、金星、地球和火星称为类地行星;离太阳较远的木星、土星、天王星和海王星称为类木行星。

1974年以前,人们在地面上通过望远镜观测,已发现八大行星拥有33颗卫星。在这以后的30多年中,人们又利用空间探测技术发现了120多颗在地面上无法观测到的小卫星。于是,到2006年10月,已发现上述8颗行星拥有158颗卫星,其中水星和金星无卫星,地球1颗,火星2颗,木星63颗,土星56颗,天王星23颗,海王星13颗。在所有这些卫星中,地球的卫星——月球显得相当奇特。其奇特之处可以归纳为以下几点:

(1) 与相应行星的质量比值较大

在太阳系的诸多卫星中,木星的卫星木卫一、木卫三、木卫四以及土星的卫星土卫六,它们的质量都比月球大。但是,它们都绕着质量比地球大得多的类木行星转动,与自己所绕转的行星质量相比较,其比值很小。

下面从火星向外,挑选每

图6-3 地月"合影"照。1992年,"伽利略号"行星探测器飞往木星途中,在离地月系620万千米处,向后方拍下这张地月"合影"。从这张照片可以看出,作为地球卫星的月球似乎更像是地球的孪生"小妹"

颗行星质量最大的卫星来计算它与所环绕的行星的质量比，其结果为：火卫一/火星=2×10^{-8}，木卫三/木星=8×10^{-5}，土卫六/土星=2.5×10^{-4}，天卫三/天王星=1×10^{-4}，海卫一/海王星=2×10^{-4}。可以看出，其中质量比最大的也不足万分之三，质量比最小的竟只有亿分之二，而月球的质量却达到地球的1/81.3，即1.23%，明显大得多。因此，与其他行星的卫星相比，与其说月球是地球的卫星，不如说是它的"小妹"（图6-3）。

（2）月球的角动量在地月系角动量中占极大比重

角动量是一个描述物体转动状态的物理量。此处所讨论的地月系的角动量是指地球自转的角动量、月球绕地球转动的角动量和月球自转的角动量三者之和，不包括地球带着月球共同绕太阳公转所产生的角动量。

严格地说，月球并不是绕地心转动，而是绕地月系的质心转动；另一方面，月球也不是在圆形轨道上作匀速运动，而是在椭圆轨道上作变速运动。但为简便起见，可近似地认为月球沿圆形轨道绕地球中心作匀速圆周运动，这两项近似所引起的误差甚小。这时，月球绕地球转动的角动量J_1是月球质量m乘以月地距离r的平方，再乘以

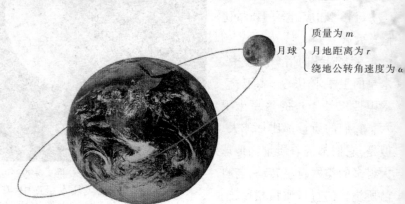

月球 质量为m
月地距离为r
绕地公转角速度为ω

地球

图6-4　月球绕地球转动的角动量$J_1=mr^2\omega_1$

月球绕地球的转动角速度 ω_1，即 $J_1 = m\,r^2\omega_1$（图6-4）。将有关数值代入，可得 $J_1 = 2.89 \times 10^{41}$，其单位为克·厘米²·弧度/秒。

使用类似的计算方法可以求得木星最大的卫星木卫三绕木星转动的角动量 J_1 为 1.73×10^{43}，而土星的最大卫星土卫六绕土星转动的角动量 J_1 为 9.53×10^{42}，其单位均为克·厘米²·弧度/秒，这两颗卫星分别是木星和土星的卫星中角动量最大的。

图6-5　我国著名天文学家戴文赛教授1977年在上海瑞金医院住院时在病中工作

行星（包括地球）的自转角动量与行星内部的物质分布有关，计算起来比较复杂。据我国已故著名天文学家戴文赛教授（图6-5）所作的计算，地球、木星和土星的自转角动量 J_2 分别为 5.660×10^{40}、2.598×10^{45}、5.195×10^{44}，其单位均为克·厘米²·弧度/秒。

地月系的总角动量等于月球绕地球转动的角动量 J_1、地球的自转角动量 J_2 以及月球的自转角动量 J_3 之和，但由于 J_3 和 J_1、J_2 相比都要小几个数量级，可以忽略不计，故可以认为地月系的总角动量等于 J_1 与 J_2 之和，于是可求得月球绕地球转动的角动量与地月系的总角动量之比 $J_1/(J_1+J_2)$ 等于83.6%。对于木卫三和土卫六，类似的比值 $J_1/(J_1+J_2)$ 仅为0.66%和1.8%。这表明与其他行星的卫星截然相反的是，月球的角动量在地月系总角动量中占了极大比重。

也许有人会说，这是当今地月系的情况。前文已经提到，40亿年前地球自转要比现在快得多，8小时就可以自转一周，那时月球的角

图 6-6 "阿波罗 16 号"宇航员在登月舱着陆点附近采集的月岩样品

动量理应小得多。简单的计算表明,40亿年前,月球绕地球转动的角动量也要达到地月系总角动量的51%,这仍然与其他行星的卫星形成明显的对照。地月系中月球的这种角动量异常是任何一个月球起源假说必须加以解释的问题。

(3) 月球强烈亏损挥发性元素

对"阿波罗号"飞船带回的月球岩石(图6-6)和月壤样品的化学分析表明,月球非常缺乏挥发性元素。地球和太阳系其他类地行星也亏损挥发性元素,但月球与地球相比,这种亏损程度更加严重。例如,月球的钾/铀比值只有地球的1/5就说明了这一点,因为钾是挥发性元素,铀是非挥发性元素,钾/铀的比值越小,挥发性元素的亏损情况就越严重。

任何月球诞生的理论都必须能解释月球强烈亏损挥发性元素这一特征。这一特征很可能是由于某种高温过程所致,这种高温过程使月球物质被加热到很高的温度,导致挥发性元素的蒸发和汽化,使之消散到宇宙空间中去。因此,这一特征表明,在月球诞生时很可能经历过某种高温过程。

(4) 月球亏损铁元素

月球的密度为3.34克/厘米³,而类地行星的密度为3.7~5.4克/厘米³。这表明组成月球的物质只含有少量的重元素,这些重元素主要是元素丰度较大的铁。如果月球上确实存在主要由金属铁组成的月核,金属铁应该不会超过月球总质量的6%,而由金属铁组成的地核则占地球质量的32%,因此地球的密度要比月球密度大得多。月球不仅缺乏金属态的铁,而且整个月球都亏损铁元素。研究表明,月球的铁含量只有太阳系铁丰度的1/4。这也是任何月球起源的假说必须回答的问题。

(5) 月球与地球的氧同位素相对比例几乎一样

在元素的宇宙丰度表中,氧是一个丰度很高的元素,仅次于氢和氦而名列第三。氧是化学性质非常活泼的元素,它有很强的结合能力,是陨石、行星上的矿物和岩石的重要组分。

同位素是指元素的"孪生"现象。在人类的家庭中,有孪生兄弟姐妹的不太常见,但元素周期表中极大多数元素都存在着"孪生"现象。其中有的元素只有两个同位素,但也有的元素其同位素多达10多个甚至20多个,例如锡就有26种同位素。

一种原子的原子核内质子数与中子数之和称为质量数。例如,氧16的原子核由8个质子和8个中子构成,故其质量数为16。氧有3个稳定的同位素,也就是说氧是一种三孪生兄弟的集合体,其质量数分别为16、17和18,分别标记为氧16、氧17和氧18。其中,氧16占绝对优势,氧17和氧18量很少。在太阳系中,这3个氧同位素的相对丰度分别为99.6%、0.04%和0.20%。如组成水的氧元素,就含有3个稳定的同位素氧16、氧17和氧18,但占主导的是氧16。

尽管氧是质量较小的元素,其3个同位素质量的相对差别仍较大。例如,氧16和氧18的相对质量差为12.5%。由于分子量的不同,气体、液体及固体中的各种氧同位素分子(或离子),在浓度梯度、温度梯度等因素影响下,会产生差异运动,引起氧的同位素以不同的比值存在于不同的物质或物相中。如在自然界中最常见的水蒸发过程中(图6-7),因氧17和氧18比较重,不容易蒸发,而氧16较轻,容易蒸发,结果就会导致水蒸气中氧16的浓度增加,称相对富集,而氧18则在液态水中相对富集。因此,形成太阳系的星云和行星(或陨石母体)中的各种物理、化学过程,如蒸发、凝聚、熔融、结

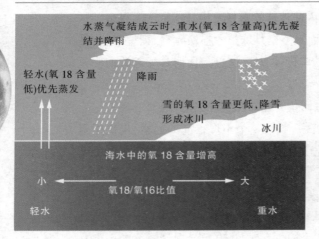

水蒸气凝结成云时,重水(氧18含量高)优先凝结并降雨

轻水(氧18含量低)优先蒸发

降雨

雪的氧18含量更低,降雪形成冰川

冰川

海水中的氧18含量增高

小 ← 氧18/氧16比值 → 大

轻水　　　　　　　　　　　　重水

图6-7 自然界中的水蒸发过程

晶、扩散、吸附等,都有可能使一部分物质中相对富集较轻的氧16而亏损较重的氧17和氧18,在另一部分物质中则富集较重的氧17和氧18而亏损较轻的氧16。这种同位素演化过程被地球化学家称为氧同位素的质量分馏。利用同位素的质量分馏效应,地球化学家可以揭示行星或陨石母体形成的有关过程与组成物质的来源。

太阳系各天体中3种氧同位素相对比例的差别是由形成这些天体的原始太阳系星云物质的位置不同所致:与太阳距离相近的,氧同位素的相对比例几乎没有差别;与太阳距离远的,氧同位素相对比例的差别就大。"阿波罗号"飞船的宇航员采集的月球样品的氧同位素与地球的氧同位素相对比例几乎一样,这一事实表明,在太阳系形成时期,月球与地球是在太阳星云中离太阳相近的地方形成的,而不可能在离太阳距离十分不同的地方形成。

(6)月球表面曾处于熔融状态

根据保守的估算,在月球形成之初,至少30%体积的月球物质处于熔融状态,很可能整个月球都处于熔融状态。也就是说,当时月球上到处都流淌着炽热的岩浆,是个沸腾的"岩浆洋"。这大概是在45亿年前发生的事,那么科学家们是如何知道的呢?

月球高地即月陆主要由斜长岩组成。对"阿波罗号"飞船带回的月球高地斜长岩的分析表明,该类岩石由95%~97%的钙长石(富钙的斜长石)及少量的低钙辉石、橄榄石和单斜辉石组成。绕月遥感探测也证实,月球高地的岩石平均含钙长石75%。实验岩石学家告诉我们,斜长岩是由月幔熔融时一些轻的物质即含钙、镁、钾、钠的硅酸盐成流体状流出后冷却结晶形成的。由于钙长石的密度低于其结晶的母体岩浆,在岩浆结晶时钙长石将漂浮在岩浆的顶部,导致月壳富含钙长石。这一过程就像冰总是漂浮在水面上一样。

　　根据对"阿波罗号"飞船的宇航员带回的月球岩石等方面的研究,月海玄武岩和月幔的密度均为3.35克/厘米³,而钙长石的密度则为2.76克/厘米³。假定月球高地纯粹由钙长石组成,把月球高地和月海玄武岩看成独立"漂浮"在月幔上的物体,为保持月球的重力均衡,科学家推算出月球高地月壳的厚度应为20.4千米。在这一推算过程中,合理地取月海玄武岩厚为1千米,月球高地平均比月海高2.6千米(图6-8)。

　　月球高地如此厚的的巨量钙长石来自月幔,这就要求至少30%体积的月球物质曾发生过熔融,它们相当于从月球表面到月面下200千米深处的全部物质。这一范围内的所有钙长石全部从熔体中完全分离,才能形成月球高地的月壳厚度。实际上这种分离很不完全,所以30%只是最小估计值,月球上发生熔融的物质很可能超过30%的月球体积。

图6-8　月球重力均衡示意图。在这种重力均衡下,科学家们推算出月球高地月壳的厚度为20.4千米

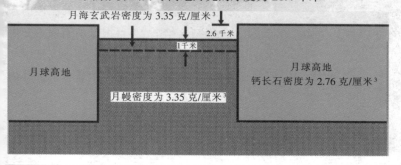

图 6-9 英国天文学家乔治·达尔文

此外,月球高地也并非纯粹由钙长石组成,而是还含有一些其他矿物如辉石和橄榄石。在这种情况下,可以算出月球高地月壳的厚度要比上面推算的 20.4 千米更厚,只有这样整个月球高地才能漂浮在月球表面上。

依据上面的讨论,科学家们断定月球在诞生初期,其表面呈现为岩浆的"海洋"。这一点也已成为月球起源假说的一个约束条件,任何假说若无法阐明这一历史状态的就不能成立。

最早问世的分裂说

最早问世的月球生成说是英国天文学家乔治·达尔文(George Howard Darwin,图 6-9)提出来的,他是进化论的开创者、英国著名生物学家查尔斯·达尔文(Charles Robert Darwin)的儿子。1881 年,他提出了月球生成的共振分裂假说(图 6-10)。他假定未分裂的原始地球与现今地月系的总角动量相等。他还假定原始地球的自转周期为 4 小时,并计算出与地球相等大小、相等平均密度的流体的最小自由振动周期为 2 小时。这样,处于完全熔化状态的地球自由振动周

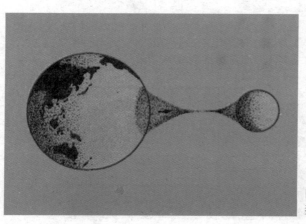

图 6-10 地月分裂说构想图

期正好与太阳引起的潮汐周期(为地球自转周期的一半)相同,必然发生共振。共振的结果使潮汐振幅(潮汐的凸起)越来越大,于是导致原始地球振幅最大的部分脱离地球形成了月球,这就是达尔文的共振分裂假说的主要观点。

　　这一假说提出后,曾得到不少天文学家的支持,其中有一位是美国天文学家威廉·皮克林 (William Henry Pickering, 图 6-11),他是美国哈佛大学天文台台长爱德华·皮克林 (Edward Charles Pickering)的弟弟,是土星卫星土卫九的发现者。他对月球有强烈的兴趣,1900 年曾在哈佛大学天文台的牙买加观测站拍摄了大量优质的月球照片。他认真研究了达尔文的主张,并对这一学说作了进一步发展。他认为月球分裂出去后,在原先的位置上应留下一个"瘢痕",太平洋海床呈粗糙的圆形大坑洞,那里很可能就是月球分裂出去的地方。他还应用魏格纳(Alfred Lothar Wegener)在 1912 年提出的大陆飘移说,认为月球分裂出去后,破裂的地壳碎片载着一部分大陆在地幔上移动,后来形成美洲大陆和欧洲、非洲大陆,地壳下的熔岩表面慢慢冷却和固化, 当大量的水凝聚在美、欧、非等洲之间低凹的固化熔岩上时,便形成了大西洋。

图 6-11　美国天文学家威廉·皮克林

　　也有不少天文学家和地球科学家反对达尔文和皮克林的主张。1930 年,英国天文学家兼地球物理学家杰弗里斯(Harold Jeffreys)指出,月球共振分裂假说的理论基础不能成立。因为地球自身的摩擦阻尼很大,当潮汐共振发生时, 摩擦阻尼的增加是潮汐变形的立方,这样大的摩擦阻尼会限制潮汐共振的振幅,因而原始地球不会发生分裂。

图 6-12 澳大利亚地球和行星科学家林伍德

转速慢　　　　　　　转速快

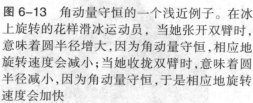

图 6-13 角动量守恒的一个浅近例子。在冰上旋转的花样滑冰运动员，当她张开双臂时，意味着圆半径增大，因为角动量守恒，相应地旋转速度会减小；当她收拢双臂时，意味着圆半径减小，因为角动量守恒，于是相应地旋转速度会加快

反对分裂假说的人还指出，太平洋海底的地质年龄很年轻，其形成年代远在月球诞生之后；而且，太平洋最凹陷处也仅深 11 千米，根本无法扮演像月球这样大小的物体分离出去所遗留下来的瘢痕的角色。

20 世纪 60 年代，澳大利亚的地球和行星科学家林伍德（Alfred Edward Ringwood，图 6-12）与怀斯（Donald Wise）研究了共振分裂假说，提出了该学说的"修正版"。他们认为，旋转导致的不稳定是分裂的原因。经过重新计算，他们把未分裂前地球的自转周期定为 2.6 小时，这一很快的自转速度使地球极不稳定，处于分裂的边缘。随后发生的地核、地幔分异使原来密度均匀的地球物质重新分配，密度大的物质集中到地球中心附近，密度相对较小的硅酸盐物质聚集到地幔中。经过地核、地幔分异，描述地球转动惯性的物理量——地球的转动惯量变小了。地球自转的角动量等于地球的转动惯量乘以它的自转角速度。若地球不存在向外转移角动量的情况，它的自转角动量是守恒的。因此，当地球内的物质向地心集中、转动惯量变小时，地球的自转速度就会加快，其自转周期从 2.6 小时变成 2.1 小时。这种情况犹如在冰上旋转的花样滑冰运动员，当她收拢双臂时，旋转速度就会加快(图 6-13)。

地球自转速度的加快必然导致已经处于分裂边缘的地球发生分裂。分裂开始时，地球赤道部分越来越扁长，直到最纤细、薄弱的连接部位发生断裂。分裂的部分形成月球，余下的地球又逐渐恢复到以前的形状(图 6-14)。

修正版的分裂说无疑比共振分裂说更合理些，杰弗里斯对共振分裂说的批驳对它已不再适用。它很容易解释为何地球和月球有相同的氧同位素成分，为何月球的密度比地球小得多等问题，甚至还能解释地月系中为何月球拥有大部分的角动量。但它致命的弱点也恰恰是在角动量问题上。经过认真的计算，为了分裂出月球，未分裂的原始地球的角动量至少要等于现今地月系的角动量的 4 倍。如此大的角动量是怎么来的？月球分裂出去后，这些"多余的"角动量又到哪里去

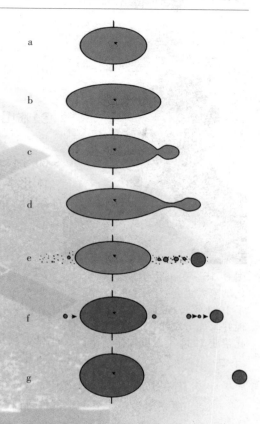

图 6-14　林伍德和怀斯提出的"修正版"分裂说示意图。a 与 b：原始地球因快速自转，赤道部分越来越扁长；c 与 d：扁长区域的一端产生一个由细颈相连的突出物；e：地球因内部物质密度分布的变化，自转加快，细颈部分断裂，变成一个球形的主块和若干小块；f：主块变成月球，小块有的降落到月球上，有的重新返回到地球上；g：分裂过程中，地球的一部分角动量转移给月球，地球自转速度变慢，其形状重新呈现为不太扁的椭球形，而月球则成为绕地球转动的天然卫星

了？至今没有令人信服的解释。这一致命的弱点使月球起源的分裂假说处于困境之中，目前已很少有人赞同它了。

濒临困境的俘获说

月球生成的俘获假说流行于20世纪60年代，该假说因一度得到美国化学家、天体化学家尤里（Harold Clayton Urey，图6-15）和美国地球物理学家麦克唐纳（Gordon James Fraser MacDonald）等人的支持而备受关注。所谓俘获假说，指的是地球引力从太阳系空间中将"路过"的月球"领养"过来，使一颗原先的行星或小行星变成了地球的卫星。"领养"的经过大致是这样的：在星云凝聚形成太阳系的过程中，其中一小块尘埃团凝聚成一颗小小的星体——月

图6-15　美国化学家、天体化学家尤里，生于1893年，卒于1981年。1931年从氢中发现并率先分离出同位素氘，因此荣获1934年诺贝尔化学奖

球。它曾经是太阳系中自由自在的"流浪者"，在自己的轨道上不断绕太阳运转。但由于某种目前尚不清楚的原因，它的轨道发生了变化，于是它被地球所俘获，或者说被地球"领养"后成为了地球的卫星。

从天体力学的角度看，这一假说有许多致命的弱点。月球的直径约为地球直径的27%，有3476千米。以地球的质量和相应的引力要抓住这么大个头的月球，而且恰到好处地使它成为自己的卫星，这几乎不可能。

如果月球原先是在太阳系的外部区域，例如在海王星之外，它是从那里闯入太阳系的内部区域并被地球俘获的，这种可能性存在吗？太阳系诸行星中有一个"巨人"，那就是木星，它的直径约为地球的11倍，质量约为地球的318倍，有很强的引力。美国卡内基研究

　　图6-16　奇异的"彗星列车"。苏梅克-列维9号彗星被木星俘获后,它的彗头被木星引潮力所撕碎,变成了奔向木星的"彗星列车"

所的计算机模拟试验表明,木星的吸引力是地球的一道天然屏障,它会将来自太阳系外部的天体吸向自己,使地球免遭彗星和巨型天体的轰击。他们认为,如果没有木星这位"保护神",地球遭外力撞击的可能性会比现在大1000倍,大约每10万年就要遭受一次巨大的撞击,其后果不堪设想,也许地球上至今还没有人类出现。1994年发生的彗星撞击木星事件,为这一观点提供了证据。苏梅克-列维9号彗星的直径约有10千米,质量约5000亿吨。它从太阳系边缘区域闯入太阳系内部后,被木星所俘获。该彗星后来又破裂了,变成21个碎块,并成了一列奔向木星的"彗星列车"(图6-16)。当它在1994年撞击木星时(图6-17),每块碎片所释放的能量估计相当于10亿吨TNT当量的炸药,即相当于5万颗1945年时投向广岛的原子弹所释放的能量。如果没有木星,这颗彗星也许会撞向地球。不难设想,那样的后果是什么。由此看来,如果月球是从太阳系的外部闯入太阳系内部的天体,它很可能已先被木星俘获了,根本轮不上地球。

　　也许月球原先就在太阳系的内部区域,甚至就在离地球不太远的地方绕太阳公转,譬如说它是40多亿年前一颗特大号的近地小行星,当它与地球相遇时被俘获而成为一颗绕地球转动的卫星。前文已谈到法国天文学家洛希提出的"洛希极限"理论,该理论认为,

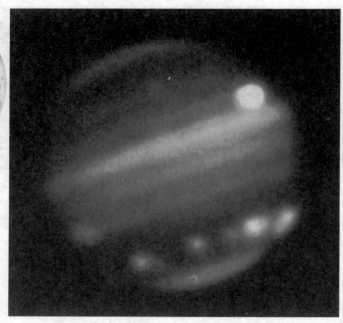

图 6-17　1994 年 7 月 4 日,被撕成碎块的苏梅克－列维 9 号彗星先后撞击木星的背面。几小时后，由于木星的快速自转，被撞击面朝向地球。在木星的红外照片中，可以看到撞击"伤疤"呈现为一个个热斑

　　当卫星绕行星公转时,若它离行星近到某一极限,就会被行星的引潮力所撕碎,就像苏梅克-列维 9 号彗星被木星的引潮力撕成 21 块碎片那样。假如月球确实是地球俘获来的,科学家所作的模拟计算表明, 那时被俘获的月球绕地球的轨道应该比现今更靠近地球,它很可能已经进入"洛希极限"之内。可实际上,月球沿一条切线通过地球一侧时并没有被引潮力撕碎,且此后又安全地呆在离地球那么近的地方继续绕地球转动。直到后来,由于它对地球的潮汐摩擦,地球的角动量慢慢转移到它身上,它才渐渐远离地球。这样的过程简直令人难以置信。

　　控制宇宙飞船飞行姿态及速度的计算机专家们认为,被俘获的月球既要靠近地球,又不至于与地球一头撞上,而且还要在环绕地球的轨道上运行,这几乎是不可能的,除非月球有一套类似电子计算机的精密控制系统。退一步讲,即使月球误打误撞碰巧进入了一

条绕地球转动的轨道,那也必然是一条相当扁长的椭圆轨道,而不可能是一条近圆的轨道。

俘获假说在动力学解释上也遇到极大的困难。动力学解释可以用天体力学中的平面圆形限制性三体问题来加以讨论。什么是平面圆形限制性三体问题呢?这个学术名词中实际上包括三体问题、限制性三体问题和平面圆形限制性三体问题这 3 个范围越来越小的概念。三体问题是指具有任意质量、任意初始位置和任意初始速度的 3 个天体在万有引力作用下的运动问题。它没有严格解,是一个至今尚未完全解决的天体力学难题。三体问题中有一种特殊情况,即所讨论的 3 个天体中有一个的质量与其他两个主要天体相比小到可以忽略,或者说可以被视为无限小,于是它对两个主要天体的运动不产生任何影响,而只有两个主要天体反过来可以约束它的运动,这样的三体问题便称为限制性三体问题。最后,在限制性三体

图 6-18 法国数学家、天体力学家拉格朗日, 生于 1736 年,卒于 1813 年。他不仅在数学和天体力学方面贡献卓著, 而且为分析力学做了奠基性的工作

问题中又有一种最简单的情形,它是指两个有限质量的天体在相互作用下绕其质心作圆周运动,而第三个质量可视为无限小的天体的初始位置和初始速度又都在这两个有限质量天体的运动轨道平面之内,这样的限制性三体问题就称为平面圆形限制性三体问题。

地球在十分接近圆的轨道上绕太阳公转,月球的质量与太阳和地球相比都可以近似看成无限小,月球绕地球的运动平面虽然与地球绕太阳公转的平面(黄道面)有约 5°9′的交角,但此交角毕竟较小,我们认为它基本满足平面圆形限制性三体问题的条件。于是,我们可以将太阳、地球、月球这 3 个天体的运动用平面圆形限制性三体问题来讨论。

1772 年,法国著名数学家、天体力学家拉格朗日(Joseph Louis Lagrange,图 6-18)研究了平面圆形限制性三体问题,获得了质量可

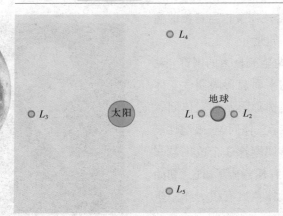

图 6-19　由太阳、地球和一个小天体构成的平面圆形限制性三体问题的 5 个特解——直线解 L_1、L_2 和 L_3 以及等边三角形解 L_4 和 L_5

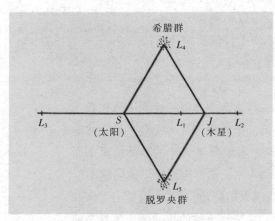

图 6-20　等边三角形解的两个实例。在以太阳、木星为两个主要天体的平面圆形限制性三体问题中，在等边三角形解 L_4 和 L_5 处，确实存在着两群相对说来质量可视为无限小的小行星——希腊群和脱罗央群

忽略的小天体的 5 个特解（图 6-19），即天体间著名的拉格朗日点。位于拉格朗日点上的小天体或人造卫星处于引力平衡状态，无需外加动力就可以保持相对静止。图 6-19 中 L_4 和 L_5 始终与两个主要天体构成等边三角形，故又称等边三角形解；而 L_1、L_2 和 L_3 则位于两个主要天体的连线上，故又称直线解。其中等边三角形解在天文学中已找到实例，在以太阳和木星作为两个主要天体的平面圆形限制性三体问题中，已经找到若干个质量和太阳、木星相比均可视为无限小的小行星，它们处于同太阳、木星构成等边三角形的位置 L_4 和 L_5 上，而且当木星绕太阳公转时，它们也始终在这两个位置上绕太阳公转（图 6-20）。

　　然而，求得以太阳和地球为主要天体的平面圆形限制性三体问题的特解，并不是我们最终的目的。我们要进一步研究的是，月球被地球俘获需要什么条件。在讨论前,我们必须先介绍一下"零速度面"的概念。我们取太阳和地球的联线为 X 轴,并取在地球绕太阳运动平面上与 X 轴垂直的轴为 Y 轴,于是月球在此坐标系中的坐标变量便是 x 和 y。在平面圆形限制性三体问题中,在太阳和地球的引力作用下,月球的运动速度 v 是它在地球绕太阳的运动平面上的坐标变量 x 和 y、它到太阳和地球的距离以及太阳和地球的质量等的函数。若设定月球运动速度 v 为零,便可以求得月球的坐标变量 x 和 y 的一组曲线,称为零速度线。但实际上,月球并非严格地在地球绕太阳的轨道平面中运动,而是略有倾角的,所以就需要考虑在三维空间中运动的情况。在这种情况下由运动速度 v 等于零所获得的便不再是零速度线,而是零速度面。

那么,月球被地球俘获,需要怎样的条件呢? 可能有 3 种情况:

(1) 当月球相对于地球的运动速度很小时,零速度面处于太阳和地球之间,这时月球绕地球转动,而不会穿越零速度面改为绕太阳公转。但在这种情况下,月球也不可能从太阳系的其他位置穿越零速度面进入地球卫星的轨道而成为地球的卫星。

(2) 当月球相对地球的运动速度很大时,零速度面大大扩展,处于太阳系其他位置处的月球很容易穿过零速度面接近地球,但是地球无法俘获它成为自己的卫星。这种情况就像不少彗星能接近地球,却不能被地球俘获成为自己的卫星一样。

(3) 当月球相对于地球的运动速度处于上面两种情况之间时,零速度面仍然处于太阳和地球之间,但是这一零速度面没有完全封闭,在太阳和地球之间拉格朗日直线解 L_1 处有一个出口。月球处于这种情况时,从太阳系其他位置可以偶而闯入零速度面中,并围绕地球转动很多圈,不过最终会从该出口处离开地球,继续围绕太阳运转(图 6–21)。

从上面动力学上的讨论可以看出,地球要俘获月球,并使之成为自己的永久卫星是十分困难的。但有些支持俘获说的学者根据

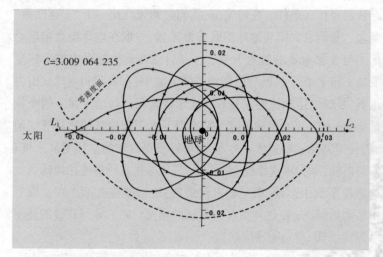

图6-21 被俘获的月球成为地球暂时的卫星示意图。月球偶而闯入零速度面,暂时成为地球的卫星,但最后又从出口 L_1 处离开了地球。图中 C 是零速度面方程中的常数项,C 值的大小直接与零速度面的大小和形状有关

上面分析中的情况(3),认为月球被地球俘获成为暂时的卫星后,如潮汐等的消耗效应减少了月球的动能,就会使月球相对于地球的速度减小,零速度面收缩,导致 L_1 处零速度面的开口减小,月球无法再从开口处逃离,最后成了地球的永久卫星。然而,有人作了详尽的模拟计算,其结果并不支持这一见解。

俘获假说也很难说明为何月球上铁的丰度比地球上少得多,而它的氧同位素的成分却又与地球相同。前者表明,月球在太阳系中形成的区域与地球很不相同;而后者则表明,月球在太阳系中的形成区域几乎与地球一致。对这一矛盾,该假说根本无法予以解释。

以上多方面的剖析表明,俘获说已濒临困境。

困难重重的共生说

共生假说又称共增生假说,这一理论认为地球和月球是并列增

生的，都是在 46 亿年前由形成太阳系的原始星云同一区域的不同部分凝聚而成。这一假说最初是由美国天体化学家尤里在 20 世纪中后期率先提出来的。在这之前，他曾支持月球生成的俘获说，也许是由于后来他发现了俘获说存在的问题，因而放弃了对俘获说的支持，改而提出月球生成的共生说。

共生说的一个重要特点是移植了前人提出的"planetesimal"概念。planetesimal 这个词曾被译为微星，后来才被定译为星子。它最早是由美国地质学家张伯伦(Thomas Chrowder Chamberlin)和美国天文学家摩尔顿(Forest Ray Moulton)在 1900 年提出太阳系起源的一种灾变说时首先引入的。它是指生成行星之前的数十米至数百米大小的固体碎块。他们两人提出的学说后来被摒弃了，但他们提出的星子概念则被保留下来，并被其他研究太阳系起源的人所移植和引用，月球生成的共生说也移植和引用了这一概念。共生说的提出者和后继者们认为，在形成太阳系的原始星云中，太阳和地球都先于月球生成。此后，当围绕太阳公转的星子接近原始地球时，由于它们运动的初始条件不同，结果一部分星子沿与原始地球自转方向相同的方向运动，另一部分星子则反方向运动。这两组星子之间的撞击使它们相对于原始地球的角动量减小，运行速度降低。一些撞击碎片落到原始地球上，而另一些星子或撞击碎片则从原来围绕太阳公转变为围绕原始地球运转，这些围绕原始地球运转的星子或撞击碎片称为月球星子群。月球星子群形成后，由于它们与围绕太阳运行的星子的撞击比单纯两个星子间撞击的可能性大得多，因此会很快俘获围绕太阳运行的星子，其质量便很快增大。

月球星子群在其质量增大的过程中，会逐渐结合成数个"原始月球胚胎"。当这些原始月球胚胎因继续吸积月球星子群物质而长大到半径近千米时，已能经受住围绕太阳运行的星子的撞击，而且在这以后，原始月球胚胎的生长主要依靠这些围绕太阳运转的星子，它们的撞击使原始月球胚胎吸积了它们，导致其质量不断增加。

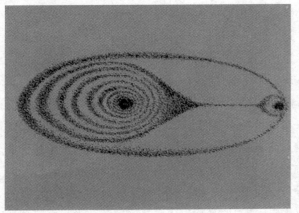

图6-22　地月共生说构想图

最后,几个原始月球胚胎又结合在一起,形成我们目前所见到的月球。这就是共生说所描述的月球生成的大致过程(图6-22)。

共生说的优点是月球的生成并不依赖于一些特定的小概率事件。它也能较好地解释地球与月球上氧同位素相对比例相同这一事实,因为在共生说中,地球和月球的确是在与太阳距离相近的地方形成的,因而氧同位素的相对比例必然相同。它还可以解释月球亏损挥发性元素的问题,因为围绕地球运转的月球正是在星子之间的高速撞击中形成的,这种高速撞击会导致挥发性元素蒸发,于是月球星子群便丢失了部分挥发性元素。而月球星子群是最终形成月球的重要原材料,因而月球也必然亏损挥发性元素。

但是,共生说不能解释月球的其他一些奇特之处,例如关于月球亏损铁元素的问题。为解释这个问题,后来苏联的一位女天文学家提出,硅酸盐矿物与金属铁的强度和延展性有很大区别:前者脆性强、延展性不好;而后者脆性弱、延展性好。也就是说前者容易被月球星子群粉碎成小颗粒,而后者则比较困难;不管是月球星子群形成时的撞击,还是星子被月球星子群俘获时的撞击,都使月球星子群中富含硅酸盐的星子普遍比富含金属铁的星子小,前者的密度也较低,因此富含硅酸盐的星子或星子碎片动量低,更容易被月球星子群俘获。而富含金属铁的星子或者星子碎片则不易被月球星子群俘获,因而月球星子群亏损金属铁元素。月球星子群(图6-23)就像一个成分过滤器,进入月球星子群的星子与其他星子发生碰撞,部分富含金属铁的星子碎片逃离月球星子群,而大部分富含硅酸盐的星子碎片则留了下来。但是,到了月球形成后期,原始月球胚胎的生长,主要已不再依赖于绕地球转动的月球星子群,而是依赖于围绕太阳运转的星子,而后者并未经历过像月球星子群那样的成分过滤器的过滤。也就是说,这些围绕太阳运转的星子不应该缺铁。计算表明,即使月球中的成分有一半来自月球星子群,另一半才是依靠吸积那些不缺铁元素的围绕太阳运转的星子,在这种情况下依然不能完全解释现今月球中铁元素严重亏损的事实。这是共生说遇到的

图6-23　星子群理论构想图

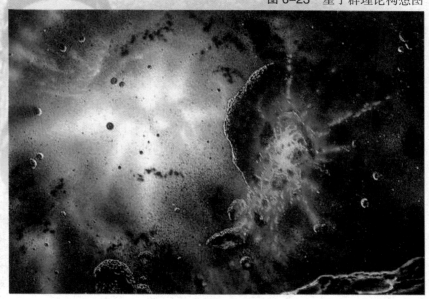

第一个困难。

共生说遇到的第二个困难是无法解释月球表面曾处于熔融状态的成因。要形成这种状态,星子撞击形成月球的持续时间必须很短。而共生说解释月球形成时,能量是逐渐转化和释放的,时间尺度长达数千万年甚至上亿年,因而月球根本不会经历上述状态。即使有人认为,几个原始月球胚胎曾在很短的时间内结合成原始月球,其重力势能可以有效地转化为热能,但与形成月球表面一度处于熔融状态所需要的热能相比,依然相距甚远。

共生说遇到的第三个困难, 也是该假说最致命的困难是无法解释目前存在的地月系的总角动量高达 $3.456×10^{41}$ 弧度·克·厘米^2/秒。通过多方面的模拟计算,共生说所能产生的地月系的角动量远远小于此值。按照角动量守恒原理,地月系目前如此高的角动量又是如何得来的,共生说根本无法作出解释。

总之, 共生假说存在着重重困难, 其中有的甚至是致命的困难。

后来居上的碰撞说

碰撞说是在上面所介绍的分裂说、俘获说和共生说都无法解开月球起源之谜的形势下问世的。这一假说更完整的名称是大碰撞分裂假说。该假说认为,约在 45 亿年前,原始地球受到一个火星大小的天体的撞击,撞击碎片(即两个天体的硅酸盐幔的一部分)在轨道中形成了月球。这一假说,与前 3 个假说相比较,能较合理地解释我们在本章开头所介绍的月球的主要特点的形成原因。

大碰撞分裂假说经历了一个逐步发展和完善的过程。1975 年,美国的两位天文学家哈特曼(William Hartmann)和戴维斯(Donald Davis)率先共同提出了大碰撞理论。此后,美国哈佛大学的卡梅伦(Alastair Graham Walter Cameron) 通过对地月系角动量的研究,也提出了类似的见解。他还计算出撞击体应是一个火星大小的原始行

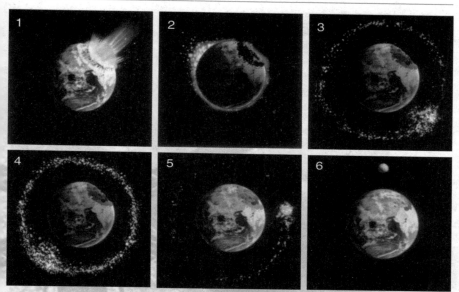

图 6-24　假想的火星大小的原始行星"忒伊亚"撞击原始地球、形成月球的过程示意图。第 1 阶段冲入，指忒伊亚斜着冲入原始地球；第 2 阶段吸纳，其时间极其短暂；随之而来的便是第 3 阶段溅射，图中溅射出的物质已进入绕原始地球的轨道；第 4 阶段环绕，指溅射出的物质在接近圆的轨道上绕原始地球转动；第 5 阶段吸积，指原始月球正在吸积溅射在轨道上的物质；第 6 阶段表示月球已经形成

星，并命名它为忒伊亚。他假想该行星撞击原始地球，溅射出大量物质，在地球的洛希极限的临界线附近形成月球尘埃盘，以后逐步形成月球(图 6-24)。大碰撞分裂假说最主要的证据支持来源于月球吸积增生的动力学模拟、太阳系形成早期的同位素年龄测定、地球形成初期大气圈的稀有气体同位素组成特征，以及极端高温高压条件下的模拟实验研究等方面所取得的进展。这些进展暗示，月球物质来源于原始地球的地幔，这样可以很好地解释月球缺铁的特征。

　　1984 年，在夏威夷召开了关于月球起源的国际会议，此后大碰撞分裂假说逐渐成为现今占主导地位的月球起源说。

　　由于电子计算机的发展和模拟计算方法的完善，20 世纪末至

图 6-25　美国西南研究院行星学者坎纳普

本世纪初,模拟计算中使用"平滑粒子流体动力学"技术取得了极大的成功。这项技术将原始地球和撞击体分成若干小块, 称它们为"粒子", 然后再对每一粒子和粒子之间的相互作用进行物理学计算。实际上, 有人在1986年就用此项技术进行大碰撞的数字模拟计算, 但由于当时受到电子计算机计算能力的限制, 他们只是把地月系统分成3000个粒子,因所分粒子数较少, 计算结果深受计算误差带来的影响, 容易引起失真。2004年,美国西南研究院的坎纳普(Robin Canup,图6-25)发表了最新的模拟计算结果, 她把地月系分成了120 000个粒子,由于所分的粒子多,计算结果的精度大大提高。

科学家在模拟计算中,需要整合月球的角动量、地球质量、月球质量和月球的铁含量等基本物理量,并认为这些物理量之所以有现有的值,与撞击体的质量、原始地球的质量和撞击体的撞击角度这3个基本的碰撞参数有关,其中撞击角度是指撞击体的撞击路径与撞击点的地球曲面法线的夹角。例如,月球的铁含量低,这表明这次碰撞的撞击角度既不可能是大角度的掠碰,否则撞击体会带着自身的整个铁核进入月球轨道;也不可能是撞击体与原始地球的迎面对撞,否则地球内部的铁核也会被撞出一部分;而只可能是一次撞击角度不大不小的斜撞。再如,在斜撞的情况下,为了解释月球拥有较高的角动量,撞击体的质量就不应该太小。

坎纳普考虑了上述因素后, 把撞击体的质量取为地球的1/10,

撞击角度取为 45°,撞击速度则小于 5 千米/秒。她所作的高精度模拟计算表明,在这种情况下的碰撞能够溅射出足够的贫铁物质在绕地球的轨道上形成月球,其中组成月球的物质 80%来自撞击体的幔层。形成月球的大致过程是:撞击发生后,其抛射物扩展开来,形成一个半径为几个地球半径的圆盘,其中有些物质在洛希极限(约为地球半径的 2.9 倍)之内,有些物质在洛希极限之外。在洛希极限内的一部分物质,由于后来得到来自地球角动量的转移,逐渐远离地球,也走到洛希极限之外。所有洛希极限之外的物质,或者聚集起来,形成全部熔融的月球;或者先形成几个分离的小月球,然后再吸积形成一个部分熔融的月球。在撞击过程中,地球也在发生变化。大碰撞是在地球形成的最后阶段发生的,当时地球的质量已达到目前的 90%。撞击发生后,撞击体的核心因直接与原始地球发生碰撞,速度很快降低,后来又落到地球上,被地球所吸积。结果撞击体使地球质量增加了 9%。而此后太阳系内发生的一次大规模陨石雨也为地球提供了 0.9%的质量。剩下的 0.1%是最后增加的,时间跨度最长,从 45 亿年前到现在还在进行中。

揭开谜底待来日

　　近年来,大碰撞分裂假说得到了某些探测和研究成果的支持,但也面临着一些新的考验。

　　一个对大碰撞分裂假说很有利的探测证据是,1998 年美国发射的"月球勘探者号"探测器对月球引力场的精细测定结果。这一测定结果表明,月球内核半径为 220~450 千米,仅占月球总质量的 1%~3%。而地球的地核半径为 3500 千米,占地球总质量的 30%。从月核很小这一事实来看,在太阳系同一区域内生长的两个天体,不可能出现如此大的悬殊,这是对月球生成的共生假说的有力否定。同时,由于大碰撞分裂假说恰恰可以很自然地解释这项探测结果,因而这也是对该假说的一个有力支持。

图 6-26 瑞士联邦技术研究所的波依特拉森

另一项重要的新研究成果是,20世纪末至21世纪初,瑞士联邦技术研究所的波依特拉森(Franck Poitrasson,图6-26)、哈利迪(Alex Halliday)等人比较了月球岩石样品和地球岩石样品的同位素组成差异,发现月球岩石样品中铁的两种同位素铁57和铁54的比值(即 $^{57}Fe/^{54}Fe$)比地球岩石样品中的相应值高。地球化学家认为,对此结果唯一可以解释的是,在月球形成的过程中,铁元素产生了汽化现象,造成铁的轻、重同位素之间的分馏。但要造成铁元素的汽化,需要超过1700℃以上的高温环境,只有大碰撞分裂说描述的月球形成图像才能提供这种环境。当铁原子汽化时,原子量相对较小的铁的同位素铁54先蒸发逃逸离开母体,而铁的重同位素铁57则较多地残留在母体中。正因为经历了这样的形成过程,与地球相比,月球中的 $^{57}Fe/^{54}Fe$ 的比例要高一些。

但这一假说也迫切需要用进一步探测和研究的结果来检验,例如:

(1)月球和地球有相同的氧同位素特征,这表明假想的撞击体和原始地球应该有相同的氧同位素组成。但我们目前不知道位于太阳系中离太阳不足1天文单位的行星是否具有相同的氧同位素组成,还是撞击体与原始地球有相同的氧同位素组成只是一种偶然的巧合。谜底的揭开需要弄清金星和水星的氧同位素组成,但迄今为止在地球上还未发现来自金星和水星的陨石。同时,在目前的科学技术条件下,我们又难于登上这些星球进行采样。

　　利用上述解释铁同位素组成特点的机制,来解释地球与月球拥有相同的钾同位素组成特征时却遇到了困难,因为钾元素的汽化温度远远低于铁元素,应该像铁元素一样存在同位素分馏才符合大碰撞模型。问题的探讨现在仍然继续着。

　　(2) 目前我们对大碰撞模型的所有计算都采用同一种数学模型方法,即平滑粒子流体动力学方法。计算中把每个粒子作为具有相同质量的球形颗粒来处理,因此实际的计算模拟已经作了相当程度的简化。另外,即使坎纳普最新的计算模拟把地月系分成 120 000 个粒子,模拟结果的空间分辨率也仅仅只有几百千米,依然不足以描述碰撞的具体细节。因此,我们期待采用其他方法获得的流体动力学模拟结果,它们的出现将会检验目前模拟结果的可靠性。

　　(3) 在月球形成的动力学模拟方面,似乎也存在一些疑问。例如,引入一个火星大小的行星作为对原始地球的撞击体,它不仅有助于阐明月球的生成, 更重要的是解决了地月系的角动量守恒问题。因为原始地球本身没有很大的角动量,一个火星大小的行星的撞击则把较大的角动量带入即将诞生的地月系,从而可以解释地月系为何具有如此高的角动量。这一说法虽然很巧妙,但也给人带来一丝疑问。更令人怀疑的是,撞击体撞击原始地球之后,又要求只有少量地幔物质参与组成月球, 而极大部分物质来自撞击体的幔层。因为现今月幔中氧化亚铁的含量高达 13%,而地幔中氧化亚铁的含量只有 8%,如果有较多的地幔物质参与组成月球,那么要达到月幔中氧化亚铁的含量,参与组成月球的撞击体的幔层中氧化亚铁的含量之高将达到令人难以置信的程度。上文已提到,坎纳普在模拟计算中,认为构成月球的物质只有 20% 来自地幔,而 80% 来自撞击体的幔层,这一取值正是为了说明月幔中氧化亚铁的高丰度,但这样的安排难免使人感到有些牵强。

　　总而言之, 大碰撞分裂假说现已采用比较科学的模拟计算方法,这种方法的确有助于使该假说更精致、更科学。但在模拟计算中

又常常引入种种前提性的限制条件。对这些限制条件有必要作进一步的研究，这种研究可能会进一步丰富和完善大碰撞分裂假说，但也可能导致该假说的毁灭，并促进新假说的诞生。

第七章　月球的演化

　　上一章中,我们介绍了月球的各种起源假说。本章我们将介绍月球的演化历史,也就是给月球修一部编年史。对于地球和月球这类无文字记录的天体演化问题,地质学家进行的工作就像大家所熟知的考古工作一样,首先要对考古对象的年龄进行断代,才能明白对象所反映的信息是发生在人类社会某个发展阶段的情况。随着不同年龄段考古对象数目的增多,我们就会逐渐了解远古时代人类社会的演化和发展历史。因此,我们将从介绍测定天体年龄的"时钟"着手,建立演化的时间框架,然后介绍月球演化的几个重要阶段。

图7-1　法国物理学家贝克勒尔,生于1852年12月15日,卒于1908年8月25日。因发现放射性元素铀而与居里夫妇共同获得1903年的诺贝尔物理学奖

寻找天体的"时钟"

　　1896年, 法国物理学家贝克勒尔(Antoine-Henri Becquerel,图7-1)发现密封的铀盐会自发地发出辐射,使照相底片感光,并使空气电离。这一发现证明铀存在天然放射性,标志着原子核物理学的诞生。两年后,著名法国物理学家居里夫妇(Pierre Curie and Marie Curie,图7-2)发现了两种新的放射性元素钋和镭。此后,人们逐渐弄清楚,放射性元素以一种可以预测的速率从一种元素衰变为另一种元素,且其衰变速率不随周围环境的变化而改变。科学家们认识到可以利用这一过程来探索含有放射性元素

图7-2 法国物理学家居里夫妇。上图：居里于1859年5月15日生于法国巴黎，1906年4月19日不幸去世。与妻子合作发现了放射性元素钋和镭，因而共同获得1903年诺贝尔物理学奖金的一半（另一半由贝克勒尔所得）。下图：居里夫人于1867年11月7日生于波兰华沙，1934年7月4日卒于法国。因发现放射性元素钋和镭，除分享1903年诺贝尔物理学奖外，还独自荣获1911年的诺贝尔化学奖

的地质体或天体的年龄。可以这么认为，放射性元素是地质体或天体的"时钟"，它完整地记录了地球和月球等天体形成和演化的时间坐标。

放射性元素往往以同位素的形式出现。同位素的概念在上一章中已经作过介绍，它们在元素周期表中占有同一位置，是指同一元素中具有不同质量数的若干原子种类。例如，质量数为238的铀238以及质量数为235的铀235就是两种放射性同位素。

放射性同位素的原子核是不稳定的，能自发地放射出带正电的α射线和带负电的β射线，有时在衰变过程中还能捕获1个电子，最后变成稳定元素。所谓α射线是高速运动的α粒子（由2个质子和2个中子组成的剥离了电子的氦核，即氦的正离子）流，β射线是高速运动的电子流。

放射性同位素放射出α射线和β射线以及因捕获1个电子而发生核转变的过程称为放射性衰变，衰变前的放射性同位素为母体，衰变过程中产生的新同位素叫子体。放射性同位素衰变有3种类型(图7-3)。有的放射性元素往往要经过很多次衰变，才能产生最终的稳定子体。例如，铀238要经过14次连续衰变，其间8次放出α射线，6次放出β射线，最终才形成稳定的铅206子体。

在放射性衰变过程中，作为母体的放射性同位素的原子数减少到仅剩一半所需的

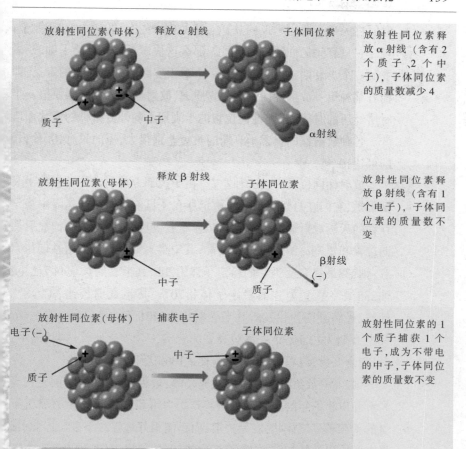

图7-3 放射性同位素衰变的3种类型。(上)释放α射线型:母体分别减少2个质子(每个质子带1个正的基本电荷)和2个中子(中子不带电,质量数为1),释放出质量数为4的1个α粒子,子体同位素的质量数减少4。(中)释放β射线型:母体中的1个中子失去1个电子(电子带1个负的基本电荷),放出β射线,子体同位素的质量数不变。(下)捕获电子型:母体中的1个质子从外界捕获1个电子,变为质子,子体同位素的质量数不变

时间称为半衰期。例如,一块矿石样品中原先有100亿个铀238原子,现今它只有50亿个铀238原子了,那么这块矿石便是经历了铀238衰变的一个半衰期。半衰期还有一个对于实际检测更方便的定义,即拥有某种单一放射性同位素的物质,其放射性强度衰减到原值一半时所经历的时间。放射性同位素的半衰期不随外界条件的变化而改变。各种放射性同位素半衰期的长短差别很大,短的只有10^{-7}秒,长的可达10^{18}年。

放射性同位素有1200种左右。由于大部分放射性同位素的半衰期很短,它们在自然界中无法稳定存在。目前已知在自然界中稳定存在的天然放射性同位素只有60种左右,包括半衰期很长的放射性同位素和短寿命的放射性同位素。其中半衰期很长的放射性同位素有:铀238最终衰变为它的稳定子体铅206,其半衰期长达44.7亿年;铀235最终衰变为它的稳定子体铅207,其半衰期长达7.1亿年;钍232最终衰变为铅208,其半衰期长达140亿年;钾40衰变为钙40,其半衰期为12.5亿年;铷87衰变为锶87,其半衰期长达488亿年;钐147衰变为钕143,其半衰期竟长达1060亿年。

铀238等放射性同位素衰变速率慢,量程很长,适合于测定古老岩石和矿物的年龄。铀238的最终产物为铅和氦的正离子,在常温下氦的正离子呈气体状,容易扩散,而铅能很好地保存下来。因此,根据上面给出的铀238同位素衰变为铅206的速度,只要测出某种岩石或矿物中铀和铅的含量,就可以算出该岩石或矿物的年龄。

假如地质学家从南极捡到了一块可能相当古老的陨石,该怎样测定它的年龄呢?下面介绍利用铀-铅同位素体系测定陨石年龄的方法。地质学家认为这块陨石从熔融的岩浆冷却凝固成固态的岩石时,含有一定含量的铀238和铀235,随着时间的流逝,铀238逐渐衰变成铅206(这一衰变过程的半衰期为44.7亿年,铅206为稳定同位素),而铀235逐渐衰变成铅207(这一衰变过程的半衰期为7.1亿年,铅207是铅的另一种稳定同位素)。若通过对该陨石的检测和分析发

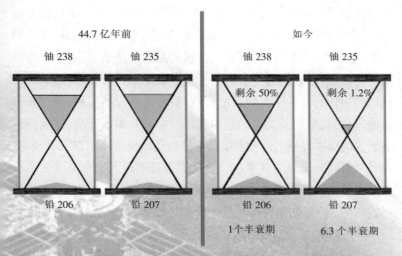

图7-4 采用铀-铅同位素体系测定陨石的年龄。该陨石中如今尚存的铀238和铀235以及它们的稳定子体铅206和铅207的含量均可以通过对该陨石的实际检测获得。陨石生成时它内部的铅206和铅207的含量可以通过别的方法推算出来，并可据此推算出陨石生成时铀238和铀235的含量。假如所得的结果是铀238正好衰减到原先的50%,铀235则已衰减到只有原先的 1.2%,可以推算出铀238正好经历了1个半衰期,而铀235经历了6.3个半衰期。根据这两个数据可以推算出陨石形成于44.7亿年之前

现,铀238仅剩下陨石形成时含量的一半,这表明该陨石正好经历了1个半衰期,则可求得该陨石诞生于44.7亿年前(图7-4)。

地月系统的形成

现在流行的太阳系形成假说认为,原始太阳系是由大量的尘埃和气体组成的,这些尘埃和气体称为太阳星云,其中的气体主要是氢气(约占90%)和氦气(约占9%),其余1%为氧、碳、氮、氩、硫、硅、镁、铝、铁和镍等元素的混合物。由于引力的作用,太阳星云发生凝聚,中间部分聚集了最大的质量,逐渐演变为太阳,尚有少量多余物质沉降为一个环绕年轻恒星旋转的星云盘。根据离太阳的远近、元

素的挥发性和密度的大小,星云盘后来发生分裂、凝聚,最后演变成行星、卫星和其他小天体。在星云盘最靠近年轻恒星的区域,最轻的元素(氢和氦)大部分被太阳光、热辐射和太阳风驱散,剩下的是较重的尘埃颗粒,它们通过引力相互作用聚集在一起,最终形成类似地球的固体行星——类地行星;而在星云盘的较外区域,仍然有丰富的氢和氦,形成了类似木星的气体行星——类木行星:这就是行星形成的标准模型。研究表明,年轻恒星的周围确实存在星云盘。2005年9月1日出版的英国《自然》杂志报道中国天文学家发现了一个正在形成的盘状恒星体系,该星系位于猎户座(图7-5),离地球约1500光年。年轻的原始恒星位于整个盘的中心,而星云盘由气体和约1%的尘埃组成。在引力的作用下,整个盘一直围绕中心的原始恒星不停地旋转,那些速度较慢的气体和尘埃则不断地掉落,被吸积到中心的原始恒星上,于是原始恒星的体积和质量就会慢慢增大。在这个过程中恒星不断地生长,而为其提供"养料"的由气体和尘埃

图7-5 哈勃空间望远镜拍摄到的迄今为止最清晰的猎户座星云全景照片

构成的盘状系统却不断地变薄,质量也在逐渐变小。在恒星基本形成以后,星云盘将不再存在,它的一部分在旋转过程中受引力作用掉落在恒星上,一部分会形成行星系统,剩下部分被吹散。总之,贡献作完后,星云盘也就消散了。

　　环绕年轻恒星旋转的星云盘中的尘埃颗粒由于大气阻尼作用和太阳引力场的垂向分力而落向恒星赤道平面,在赤道平面附近形成一个尘埃盘(图7-6)。行星通过尘埃盘中的固体物质自身相互吸引结合成山脊大小的原始星体,这一模型是由一位苏联天体物理学家在1969年提出来的,称为"行星星子假说"。在星子生长过程的早期,由于引力大小及引力截面的增加,大星子的相对速度小于小星子的相对速度,这一状态也称为"动力摩擦"。星子相对速度的大小直接决定此星子与其他星子的撞击几率。相对速度大的只发生正面碰

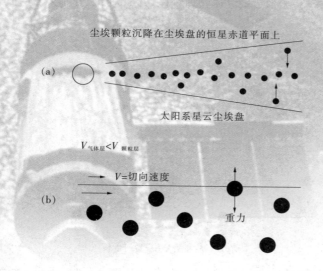

图7-6　尘埃盘形成示意图。(a)太阳引力场的垂向分力使得星云盘中的尘埃颗粒落向原始恒星的赤道平面上,形成富含固体颗粒尘埃层。(b)固体尘埃颗粒层绕太阳运转的速度大于其上下的气体层,即$V_{气体层}<V_{颗粒层}$,产生的"风"切变导致紊流,因此固体颗粒尘埃层的厚度是有限的

撞,星子之间的重力吸引作用不明显;相对速度小的,星子之间的重力吸引作用使星子之间的撞击频繁,促进星子生长,这一状态称为"重力集中"。因此,大星子生长比小星子更快,天体物理学家称星子的这种生长方式为"雪崩生长"机制(图7-7)。通过雪崩生长,每次碰撞都有一个"赢家",有的赢家会越来越大。最后的赢家会逐渐形成月球或火星大小的行星胚胎。这一切都发生得相当快,据估算,这一过程大约需要数十万年至数百万年。随着原始行星胚胎的生长,它们开始相互作用。当行星胚胎达到一定质量后,上述的星子生长模式会发生改变:"寡头生长"开始占据主要地位,即行星胚胎转变为以不断吞并小星子的生长方式为主,最后形成了当今太阳系的行星,这一过程需要数十万年至上亿年。现在科学家已经研究清楚太阳系行星形成的基本时序,不过仍然有许多问题还没有完全搞清楚。例如关于星子形成的具体物理过程,火星为什么比地球小,什么

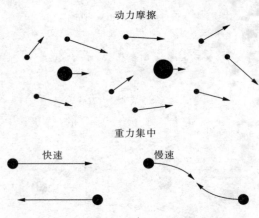

图 7-7 雪崩生长机制示意图。动力摩擦:由于引力大小以及引力截面的增加,大星子的相对速度小于小星子的相对速度。重力集中:星子的相对速度大,撞击只发生正碰,星子之间的重力吸引作用不明显;相对速度小的,星子之间的重力吸引作用使星子之间的撞击频繁,促进星子生长,因此大星子生长比小星子更快

原因使小行星带不能形成行星等,这些问题的最终解决可能要等到在太阳系外找到一颗类地行星时,有个类比的"实物"对象才行。虽然科学家已在太阳系外发现了越来越多的行星,但至今还没有找到一个与类地行星相似的星体。因为行星不会发光,发现它们非常困难。在天文学上,一般是通过探测宇宙中恒星的规律性摆动,利用重力作用原理推测哪里有新行星存在的。这种技术对大质量、轨道半长径小的行星的探测非常灵敏,因此目前发现的太阳系外行星大多都是这一类型的天体。再说由于木星与太阳的距离非常远,天文学家要想在宇宙中发现一颗这样的类木行星,至少需要连续观测一颗恒星12年以上。

在上述行星系统形成的模式上,大碰撞分裂假说认为,在原始地球生长到目前地球体积的90%时,受到一个火星大小的天体的撞击,撞击碎片环绕地月轨道并逐渐聚积形成了月球。

月球年龄的测定

要测定月球的年龄,首先必须了解地球科学对年龄的定义。地球科学中年龄的含义在一定程度上取决于对它的定义。以一个人的年龄为例,其起始日可以定义为母亲怀孕的时间,或他出生的时间,或人生中重要事件(如洗礼)发生的时间。用出生时间来定义人的年龄是很合适的,因为这个定义明确,这个事件是瞬时的且时间容易确定。对于岩石和矿物来说,快速冷却或结晶生成的火成岩或矿物的年龄容易定义。但对于上文介绍的、由许多星子相互碰撞形成的天体如地球和月球而言,它们一般都具有漫长的生长历史,采用天体生长发育史中哪一个时段定义为天体形成的年龄,确实是一件颇为棘手的事情。以地球为例,如果它是两颗等大的星子撞击形成的,那么这一碰撞事件发生的时间就定义了地球的年龄。现有的研究表明,地球的形成可分为3个阶段,其中最后一个阶段的生长至目前还在进行之中,并正在以每年4000±2000吨的质量增长。因此,地球化学家们约定：根据地球和月球增生与分异过程中的重大事件来定义它们形成的年龄。

　　如何测定地球的年龄？问题的出路是必须找到古老程度几乎与地球一样的岩石，它的内部含有长衰变周期的放射性元素及其衰变子体，对这种放射性元素及其衰变子体的定量测定便可以定出地球的年龄。然而，由于地球上的岩石在板块构造运动中处于不断的消亡和生长之中，根本无法找到这种极其古老的岩石。目前在地球上所找到的最古老岩石的年龄也没有超过38亿年的。在这种情况下，20世纪40年代有人想到了陨石。由于陨石是太阳系早期构筑行星残留下来的"建筑材料"，因此保留了地球形成时古老年代的信息。测定了太阳系中这些"游侠"诞生的年代，也就大体上测定了地球的近似年龄。

　　如何测定月球的年龄呢？对于月球来说，"阿波罗号"飞船的宇航员（图7-8）带回来的月球高地岩石最古老，很接近月球的形成年

图7-8　20世纪70年代，"阿波罗计划"最后一次登月的宇航员在月海上考察

龄。对采集回来的月球高地的斜长岩、苏长岩和苏长斜长岩样品的测定结果表明,月球形成至今,其年龄在44.4亿年至45.6亿年之间。

用半衰期很长的放射性同位素来测定地球、月球等天体的年龄,虽然比较方便,但其精度却不太高。因为任何测量工作本身不可避免地都会存在相对误差,而只要有很小的相对误差,就会使天体年龄的测定引起上千万年的误差。例如,若测量一块陨石中的放射性同位素铀238及其衰变子体铅206的含量,假定测量工作中存在0.25%的相对误差,由于其半衰期长达44.7亿年,测定的该陨石的年龄误差就会高达1000多万年。因此,在"阿波罗计划"末期,

图7-9　美国地球化学家沃兹博格

著名的美国地球化学家沃兹博格 (Genald Joseph Wasserburg,图7-9)等人总结性地说:"实际上我们并不精确知道月球形成的年龄,但是我们知道月球在44.5亿年前已经存在,并且这个年龄与地球的形成年龄相近,也就是说月球与地球是同时形成的。"但科学家仍在不断地探索着,希望发现有更好的办法来测定月球的真实年龄。

怎样才能更精确地测定天体的年龄呢?地球化学家们苦苦寻找着能更精确地测定天体年龄的"时钟",结果发现在太阳系演化早期曾经存在过几种半衰期很短的放射性同位素可以作为这样的"时钟"。这类放射性同位素的半衰期只有几百万年至几千万年,有的甚至还不足100万年。经过太阳系形成的漫长年代,它们早已完全灭绝,那么化学家又是采用何种手段使其成为精确测定天体年龄的"时钟"的呢?

看过英国著名侦探小说家柯南道尔(Arthur Conan Doyle)所著

的《福尔摩斯探案集》的人,往往都会为小说中主人公福尔摩斯的侦探才能所折服。其实,即使最高明的罪犯作案也会不可避免地留下蛛丝马迹,福尔摩斯正是敏感地找到了这些蛛丝马迹,才破解了一个个疑难案件。地球化学家们都是他们专业领域中的福尔摩斯,他们能巧妙地利用早已灭绝的同位素来测定天体的年龄。举例来说,碘129是最早发现的在太阳系早期存在过的放射性同位素,它的衰变子体是氙129,半衰期为1570万年。当某一个含有碘129的天体在形成太阳系的原始星云中诞生时,该天体中的碘129就与周围环境隔开而开始其独立的衰变,并在该天体中开始衰变子体氙129的积累。尽管经过太阳系形成以来40多亿年的漫长年代,碘129早已衰变殆尽,但我们可以通过测定天体中衰变子体氙129的丰度来反推碘129的初始浓度。如果两颗陨石具有不同的初始碘129浓度,则表明它们的年龄是不同的。也就是说,初始碘129浓度的不同可以用来确定陨石之间的相对年龄。在实际应用中,地球化学家常选取一颗形成时间已知的陨石作为参照标准,如Bjurbole陨石的形成年龄为45.6亿年(这个年龄是目前太阳系中测到的最古老年龄,被认为代表太阳系的形成年龄),以精确地确定另一颗陨石或天体的年龄。目前,地球化学家已有能力利用这类已灭绝的短寿命放射性同位素来确定不同天体形成的年龄,其测定误差为100万年,甚至更小。

根据上述方法,不同学者计算的月球形成年龄在44.7亿~45.4亿年之间。可以看出,月球形成于太阳系诞生后的几千万年间。

月核与月幔的分离

上文介绍的测量方法使用的是以碘129为母体、以氙129为子体的同位素体系,简称碘–氙同位素体系。同位素化学家发现,类似的体系还有好多种,但其中尤其是以铪182为衰变母体、以钨182为衰变子体的同位素体系最突出。这种体系的母体铪182的半衰期为900万年,简称为铪–钨同位素体系,具有比上面提及的碘–氙同位素体系高得多的测量精度。同时,该体系还具有一个突出的特点:铪和钨具有不同的地球化学性质,铪是亲石元素,钨是亲铁元素。亲石元素的离子最外层为8个电子,属惰性气体型的稳定结构,是电负性较小的元素,易于形成高价状态,离子半径不大,与氧具有较强的亲合性,是构成行星体中岩石的主要元素。亲铁元素的离子最外层具有8~18个电子的过渡型结构,主要集中在行星内部的铁镍核之中,是金属元素中电负性最大的一组元素,电离势均很高,容易形成自然金属状态。在月球分异出月核和月幔时,亲铁的钨元素几乎全部进入由铁、镍组成的月核中,而亲石的铪元素不进入月核,全部留在由硅酸盐矿物组成的月幔中。也就是说,铪-钨本身的地球化学性质差异能够使两者在核与幔分离时发生分异,再加上半衰期短,铪-钨同位素体系能够示踪并且对月球核与幔分离的时间间隔进行"计时"。

　　铪-钨同位素体系的上述特点使它成为科学家认识行星演化的强有力手段。我们设想两种情况:如果月核与月幔是瞬间分离的,也就是说分离时间为0,那么几乎全部留在地幔中的铪182开始衰变产生子体钨182,导致月幔岩石样品中的钨同位素组成中有一大部分应该为铪182衰变形成的钨182,而月核的钨同位素组成中则亏损钨182同位素。如果月幔与月核的分离时间较长,比如说9000万年,10倍于铪182的半衰期,待核与幔分离完成时,月球中的铪182元素都已衰变殆尽,只剩下原来的1/512,几乎可以认为月球中已经没有铪182。相比前者,后者由铪182衰变形成的钨182基本全部进入地核,而在地幔中的铪182元素含量仅为前者的1/512,由它衰变产生的钨182含量与前者相比已微乎其微,导致地幔样品中的钨182只占钨元素总体的一小部分。后一种情况刚好与前一种情况相反,地核富集钨182,而地幔则亏损钨182。因此,测定地质体中钨182的浓度有着重要的科学价值。

　　地球化学家通过对月球高地岩石和月海玄武岩的钨同位素的大量测试发现,这些岩石中普遍存在放射性成因的钨182。这明白地传递给我们两个信号。一是月球形成时，铪182还没有灭绝，它的浓度可通过其衰变子体钨182的丰度反推出来。铪182没有灭绝，可以认为月球的形成不会比太阳系形成晚9000万年。如果晚于9000万年，它的浓度仅剩下原来的1/512，且其衰变子体钨182在核与幔分离时都将进入月核中，在月陆的岩石中根本无法检测到它的存在。二是根据上一段的分析，核与幔的分离时间绝对少于9000万年。通过进一步的计算证明，月球的核与幔分离时间与地球相似，都在3000万~4000万年之间。与月球的生命周期相比，这是一个非常快速的过程。不过，一定要注意，这里说的快速是指地质意义上的快速，时间是以百万年计。

需要特别注意的是，在利用铪182衰变为钨182即铪-钨同位素体系的方法来测定月球诞生的年龄和太阳系形成的年龄时，必须作出一些合理的、科学的订正。举例来说，"阿波罗号"飞船的宇航员已经获得了月岩样品(图7-10)，但切勿认为样品中的钨182都是由铪182衰变产生的。由于月球岩石往往直接暴露在宇宙射线的辐射作用下，其中的钽181通过捕获宇宙射线中的1个中子可以变为钽182，继而进一步衰变为钨182。因此，在这种情况下必须减去宇宙线成因的钨182，才是铪182衰变产生的钨182的正确含量。科学家们还认为，降落在地

图7-10 "阿波罗号"飞船的宇航员从月球上采集来的又一种岩石样品

球上的碳质球粒陨石是太阳系中最古老的,它代表了太阳系最原始的物质,通过对它的放射性同位素检测可以定出太阳系形成的年龄。现今,科学家已经用铪-钨同位素体系等方法确定出月球大约诞生于太阳系形成之后3200万年。

　　总的来说,使用铪-钨同位素体系等方法所作出的研究成果对月球诞生的大碰撞假说是有利的,它不仅为地球和月球的形成、地核和地幔的分异、月核和月幔的分异等提供了时间上的约束,也为大碰撞模型的动力学模拟计算中参数的选择提供了重要参考。

月球演化的五个阶段

　　根据对月球上各种热历史过程、月球结构和月面形态的研究,以及对月球上不同时期形成的岩石进行放射性同位素的年龄测定,科学家揭示了月球上曾发生过一系列重大事件。按照这些重大事件的发生序列,月球从形成至今的整个演化历史可划分为如下5个阶段:

　　(1)鼎沸的"岩浆洋"阶段

　　大约在距今45.4亿年前月球刚生成时,由于内部放射性元素衰变释放出巨大的能量,月球的大部分曾经被加热到1000℃,使岩石高温熔化,其中至少一半的月球是熔融的,很可能整个月球都处于熔融状态中。月球上到处都流淌着炽热的岩浆,是个沸腾的"岩浆洋"。在月球形成后不到几千万年的时间内,月球通过内部物质调整,完成了核与幔的分离过程,形成了月球的月核与月幔。此后几亿年中,月球还多次发生局部熔融。

　　(2)月球高地形成阶段

　　在距今约41亿年前,当到处沸腾的月球逐渐冷却下来时,熔点高的矿物先结晶出来;钙长石的熔点低,后来结晶,于是在"岩浆洋"顶部出现了一层密度低于结晶岩浆的钙长石,漂浮在结晶岩浆的顶部,形成富含钙长石的月壳。目前我们所见到的由浅色斜长岩组成

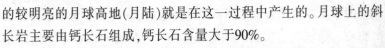

的较明亮的月球高地(月陆)就是在这一过程中产生的。月球上的斜长岩主要由钙长石组成,钙长石含量大于90%。

月球高地上环形山和撞击坑的密度比月海高20倍,这表明高地月壳比月海形成得早,因此遭受其他天体撞击的机会就多,同时也说明在月海形成之前就已发生过大量的月面撞击事件。

(3)月球大型环形构造形成阶段——"雨海事件"

在距今40亿至38亿年前,月球曾遭受小天体的剧烈撞击,"开凿"出广泛分布的月海盆地(大型环形构造),称为"雨海事件"。有人认为,雨海事件是一颗直径近百千米的小行星猛烈撞击月球表面引起的。根据对各类月海岩石的研究结果表明,月球上的主要月海是在与雨海事件相近的时期内形成的。

(4)月海玄武岩喷发阶段——"月海泛滥事件"

月海盆地中充填着月海玄武岩,月海玄武岩是在距今38亿~32亿年前月球第二次大型岩浆活动中所形成的(图7-11)。根据月海玄武岩氧化亚铁与氧化镁的含量特征,月海玄武岩可分为3类:低镁玄武岩、富橄榄石的高镁玄武岩以及过渡型的富铁玄武岩。

对月海玄武岩的分析表明,至少出现过5次月海喷发活动。月海中充填玄武岩岩浆事件的区域发生顺序大体为:雨海西→雨海东→湿海→危海→静海→丰富海→澄海→风暴洋。玄武岩岩浆在不同月海中的充填厚度不等,如风暴洋约厚几百千米,危海、静海和雨海中的玄武岩充填厚度分别达到1.5~2千米、1.6千米及1.5~2.5千米。

充填到月海中的玄武岩来源于月球表层下500千米以内的大规模的熔融区或局部熔融区的岩浆。

(5)月球晚期演化阶段

32亿年来,月球内部的能源逐渐枯竭,已没有大规模的岩浆火山活动与剧烈的月震发生。但是,大小不等的小天体撞击仍然不断出现,产生了具有辐射纹的环形山以及彼此重叠的环形山和撞击坑,使月面呈现斑驳陆离、千疮百孔的面貌。

　　这一时期,月球的演化已处于停滞状态。但是,对月球岩石放射性同位素等的检测表明,在距今约20亿年前,月球曾经受到过一次重大的加热过程,这次加热过程的原因至今尚未弄清。其时,局部的小规模岩浆活动仍可能存在,如链状环形山的形成可能就是由于小规模岩浆活动所致。在小天体持续不断的撞击和宇宙中多种辐射的共同作用下,月球表面的景观产生缓慢的风化销蚀,并形成覆盖月面的月壤。总之,从距今32亿年前至今,月球已处于晚期演化阶段,它的"地质"演化已基本处于停滞状态。从这个角度来说,月球是一个已处于"暮年"的天体,甚至可以说是一个古老、僵死的天体。

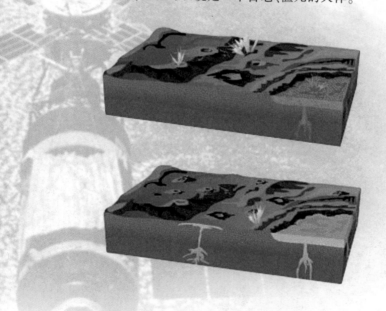

　　图7-11　月球演化的最后两个阶段。上图代表距今38亿~32亿年前的玄武岩喷发阶段,右下角低凹地区(月海)中灼热的玄武岩浆从底部向上喷发,充填了月海盆地;左侧两处白色物表示小天体撞击月面,并引起月面物质向外抛射。下图表示32亿年前至今,月球的内部活动已经沉寂,但小天体依然不时地撞击月面,形成大小不一的环形山和撞击坑

　　也有人按月球的地质年代从老到新将月球演化分成4个纪：距今45.6亿~39.5亿年前称为"前雨海纪"，它大体上对应于上面划分的5阶段中的(1)和(2)两个阶段；距今39.5亿~31.5亿年前称为"雨海纪"，它大体上对应于上面的(3)和(4)两个阶段；距今31.5亿~18亿年前称为"爱拉托逊纪"，这是月面上大量环形山和撞击坑形成的时期；距今18亿年前至今称为"哥白尼纪"，有辐射纹的环形山正是在这一纪中形成的。与上面划分的5阶段相对照，爱拉托逊纪和哥白尼纪加起来大体上对应于上面的(5)阶段。

第八章　月球上的资源

　　1959~1976年是月球探测的第一次高潮,美国成功地实现了6次载人登月飞行,苏联则实现了无人探测器的登月探测,科学家们还对两国从月球采集回来的约382千克月球样品进行了深入研究。于是,人们对月球的认识达到了前所未有的高度。

　　随着21世纪的到来,月球探测又迎来了第二次高潮,例如,欧洲空间局于2003年9月发射了"智慧1号"探测器(图8-1),并计划在2035年前建设月球基地;美国打算在2020年前后重新实现载人登

图8-1　欧洲空间局于2003年9月发射的"智慧1号"探测器探测月球的构想图。"智慧1号"是欧洲发射的首个月球探测器。北京时间2006年9月3日13时42分,"智慧1号"成功撞击月球,激起大量的月球尘埃,科学家通过望远镜观测分析尘埃成分来研究月球

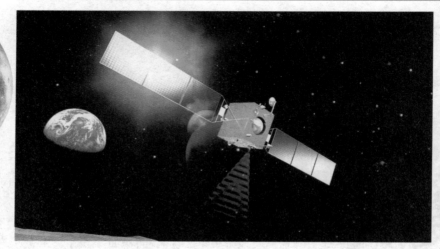

图8-2　"嫦娥一号"探月构想图

月;日本、俄罗斯、印度、乌克兰等国也都提出了自己的探月计划;我国则正在进行被命名为"嫦娥工程"的探月计划(图8-2)。总之,现今世界上许多国家正在展开一场探测月球的竞赛。

如果说,第一次月球探测的高潮是冷战时期美国与苏联在航天技术领域激烈竞争的产物的话,那么即将到来的第二次高潮则有着更加现实的目的——它是与评估、利用和开发月球上的宝贵资源分不开的,这些资源主要是对人类社会可持续发展有重大意义的各种能源和特殊环境资源。另外,世界各国也迫切希望揭开月球上有无水资源之谜。

丰富的矿产资源

月球表面最主要的岩石类型有三种:月海玄武岩、高地斜长岩和克里普岩。月球上的矿产资源十分丰富,其中对人类社会可持续发展可能有重大意义的是月海玄武岩中的钛铁矿和克里普岩中的稀土元素,以及钾、磷、铀、钍等矿产资源。稀土元素也称稀土金属,包括钪、钇、镧、铈、镨、钕、钷、钐、铕、钆、铽、镝、钬、铒、铥、镱和镥,共17种金属元素。稀土元素被人们称为新材料的"宝库",是各国科学家,尤其是材料专家最关注的一组元素。稀土的英文是rare earth,意即"稀少的土"。1787年后,人们在地球上相继发现了若干种稀土元素,但由于当时科技水平的限制,人们只能制得一些不纯净的、像土一样的氧化物,因而给这组元素留下了这么一个别致的名字。

(1) 钛铁矿资源

钛铁矿是最重要的含钛矿物之一。钛是一种银白色的金属,常温下的密度是4.5克/厘米³,仅为水的4.5倍,因此在金属分类中被划为轻金属。钛元素是在1791年被发现的,自从1951年通过工业化生产提炼钛以来,钛逐渐显示出它独特的优越性能。它的熔点高达1660℃,当含有微量的碳杂质时其熔点会更高。它还具有优异的耐腐蚀性能,强腐蚀剂"王水"能够吞噬白银、黄金,还可以把不锈钢变得锈迹斑斑,然而对钛却无可奈何,在"王水"中浸泡了几年的钛依然锃亮,光彩照人。钛的密度是钢铁的一半而强度却和钢铁差不多。钛与其他金属的合金还可以进一步增加其强度,例如含7%锰的钛合金的抗拉强度就增加一倍。钛既耐高温又耐低温,在-253℃~500℃很宽的温度范围内都能保持高强度。由于钛具有密度小、耐高温、抗低温、耐腐蚀和高强度等特性,因此大量用于制造超音速飞机、火箭、人造卫星和宇宙飞船中的结构部件,被誉为"太空金属"(图8-3)。一个

图8-3 银白色的金属钛。由于它的种种优异性能,又被誉为"太空金属"

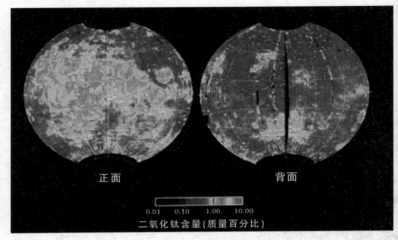

图8-4 月球表面二氧化钛含量分布图。图下部的彩色标尺是含二氧化钛的质量百分比。以此标尺为对照,二氧化钛含量高的区域集中在月球正面填满月海玄武岩的月海区域,特别是风暴洋区域和静海区域,其质量百分比约10%(图中的红色区域);其他月海区域则在5%上下(图中的黄色区域)

国家使用钛的多少,是这个国家的科技水平高低和军事实力、经济实力强弱的标志之一。

根据目前的探测和研究,发现月球上的22个月海都被玄武岩所充填。月海玄武岩的组成矿物主要有辉石、长石、橄榄石和钛铁矿,是钛铁矿的主要储存库。对美国的6次宇航员登月取回的月球样品及苏联3次无人探测器所带回的月球样品的分析表明,月海玄武岩中二氧化钛的含量为0.5%~15%。"阿波罗17号"飞船着陆区玄武岩中二氧化钛的含量高达14.5%,比我国著名的攀枝花钒钛磁铁矿中二氧化钛的平均含量(10.56%)还高。月海玄武岩分为高钛玄武岩、中钛玄武岩、低钛玄武岩和高铝玄武岩。高钛玄武岩二氧化钛的含量大于7.5%,中钛玄武岩二氧化钛的含量为4.5%~7.5%,低钛玄武岩和高铝玄武岩二氧化钛的含量低于4.5%。

1994年和1998年,美国相继发射了"克莱门汀号"和"月球勘探者号"2个月球探测器。它们的探测表明,月球表面含二氧化钛(用所占质量的百分比表示)高的区域主要位于月球正面的月海玄武岩分布区,特别是风暴洋区域和静海区域(图8-4)。

据粗略估算,分布在月海区域中的玄武岩的总体积约有106万立方千米,其中二氧化钛含量大于4.2%的月海玄武岩约占30%。据此计算,二氧化钛含量大于4.2%的月海玄武岩(这些玄武岩中的钛铁矿已达到可开发的程度)的钛铁矿总资源量超过150万亿吨。由于月海玄武岩的厚度较难估算,所以上述估算带有很大的不确定性。但可以肯定的是,月海玄武岩中确实蕴藏着丰富的钛铁矿。

月球上的钛铁矿是生产金属钛和铁的原材料。对富含钛的钛铁矿进行开采(图8-5),再利用太阳能对钛铁矿矿石进行冶炼(图8-6),就可获得金属钛和铁。

(2) 克里普岩资源

前文已经指出,克里普岩是月球高地4大岩石类型之一,因富含钾、稀土元素和磷而得名。"克莱门汀号"和"月球勘探者号"的探测表明,月球正面风暴洋区域中钍的丰度大于3.5微克/克,有些区域甚至高达9微克/克,也就是说,那里1克物质中竟含有3.5微克甚至9微克的钍。对于十分稀有的放射性元素钍来说,这一丰度是很高的。探测还表明,这一区域可能还是克里普岩分布区。许多科学家认为,风暴洋中的月海玄武岩上面覆盖着一层厚度达10~20千米的克里普岩,其体积相当巨大。据初步推算,整个月球上克里普岩中稀土元素、钍、铀的资源量分别为6.7亿吨、8.4亿吨和3.6亿吨。

月球上还有许多其他矿产资源。月球是今后人类矿产资源可持续开发和利用的宝库之一。

月球能源的利用

月球上可利用的能源主要有太阳能和核聚变燃料。月球上的太阳能资源十分可观。在地球上,由于有大气层,有风雨雷电等气象现象,在地面上接受和利用太阳能就受到很大影响,而且大气的吸收和散射也会减弱太阳能的接受效率。但在月面上,由于没有大气,太阳辐射可以长驱直入;同时,月球上的白天和黑夜的长度都相当于14.5个地球日,因此在月球表面建立全球性的太阳能发电厂,可以获得极其丰富而稳定的太阳能。不但今后月球基地的能源完全可以由它供应,而且还可以用微波将这些能源传输到地球,为地球提供新的能源。

核聚变的过程与核裂变相反,是几个原子核聚合成一个原子核的过程。核裂变则是一个原子核分裂成几个原子核的变化。只有一

图8-5 月球上开采钛铁矿构想图。图中绘出了钛铁矿开采区、矿石分选区、运输道路和宇航员(采矿人员)的生活区

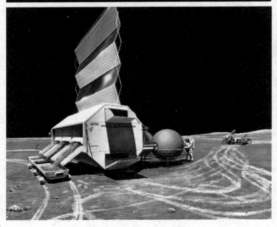

图8-6 月球上对钛铁矿矿石进行初步冶炼构想图。最上部的几组太阳能电池板用于提供电力,下部为矿物分离器。将钛铁矿矿石放入由太阳能启动的矿物分离器后,它们先被粉碎,然后进入一个较强的磁场区域,磁性弱的矿渣从图的左端流出,并被舍去;含量高的钛铁矿细粒因有强磁性进入右端的圆球中,以供进一步的冶炼

些质量非常大的原子核如铀、钍等才能发生核裂变(图 8-7)。这些原子的原子核在吸收一个中子以后会分裂成两个或更多个质量较小的原子核,同时放出2~3个中子和很大的能量,释放出的中子又能使别的原子核接着发生核裂变……使裂变过程持续进行下去,这种过程称作链式反应。原子核在发生核裂变时,释放出巨大的能量称为原子核能,俗称原子能。1克铀235完全发生核裂变后释放出的能量相当于燃烧2.5吨煤所产生的能量。

与裂变反应不同的是, 只有较轻的原子核才能发生核聚变,比如氢的同位素氘、氚等。核聚变也会释放出巨大的能量,而且比核裂变释放出的能量更大。太阳内部连续进行着氢聚变成氦的过程,它的光和热就是由核聚变产生的。大家熟知的比原子弹威力更大的核武器——氢弹,也是利用核聚变来发挥作用的。同时与聚变相比较,裂变反应堆的核燃料蕴藏有限,不仅会产生强大的辐射,伤害人体,而且遗害千年的废料也很难处理。

月球上的核聚变燃料主要是指月壤中蕴藏着的丰富的氦3资源。自然界中的氦有氦4和氦3两种同位素,氦4的原子核中有2个质

图8-7　核裂变反应原理示意图

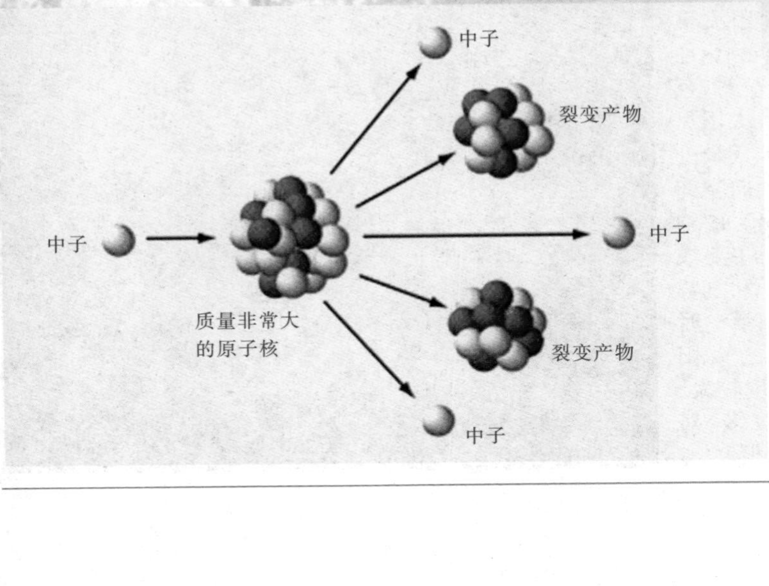

子和2个中子,但氦3的原子核中只有2个质子和1个中子。在地球上,氦3十分稀缺。例如,在空气中,氦只占0.000 5%,而且在氦中,极大部分都是氦4,氦3只占0.000 14%。然而,月球上的情况有很大不同,整个月面都覆盖着一层由岩石碎屑、粉末、角砾、撞击熔融玻璃等构成的成分复杂、结构松散的混合物——月壤。月壤主要受到太阳风、太阳耀斑和宇宙线的辐射作用,辐射作用改变了月壤的化学成分、矿物组成与结构构造。太阳风(图8-8)是从太阳最外层大气(称日冕)向行星际空间不断辐射的正负带电粒子基本相等的粒子流,其能量约为300~3000电子伏特/核子,其速度约为450千米/秒。太阳风中含有电子、质子、氦核以及少量其他元素的离子。太阳风粒子直接注入月壤,深度可达30~50纳米,使月壤产生某些微观尺度的变化和影响。太阳耀斑粒子比太阳风能量高,一般为10^4~10^8电子伏特/核子。太阳耀斑粒子直接注入月壤,其穿透深度可达1厘米左右。宇宙

图8-8 太阳大气可分为3层,由内往外依次为:光球、色球和日冕。太阳风是从太阳大气最外层的日冕,向空间持续抛射出来的物质粒子流,主要成分是氢粒子和氦粒子。当太阳活动时辐射出来的太阳风,运动速度较大,粒子含量较多,对地球的影响很大

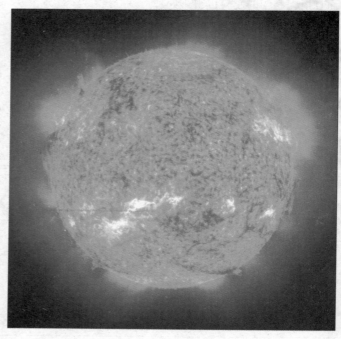

线来自太阳系之外,其能量达10^8~10^{10}电子伏特/核子,其主要成分为质子、氦核与极少量的超重、超高能的粒子。宇宙线与月壤、月岩会产生一系列核反应,形成多种宇宙成因核素。以上3种辐射源中,太阳风是最主要的。

太阳风粒子的注入使月壤富含稀有气体组分。稀有气体是指元素周期表中极不活泼的一族元素,包括氦、氖、氩、氪、氙、氡6种元素,由于这些元素的化学性质十分稳定,基本上不与任何物质形成化合物,所以也称惰性元素,稀有气体也称惰性气体。由于太阳风中的离子注入物体外表面的深度一般小于0.2微米,因此这些稀有气体在细粒月壤中平均含量最高。在一些细颗粒的月壤中,每克月壤中稀有气体的含量高达0.1~1厘米³/克(标准大气压状态下)。在整个月球演化史中,因为外来物体对月球表面的频繁撞击,月壤物质几乎完全混合,在深达数米的月壤中这些稀有气体的含量相当均匀。

月壤中的稀有气体不是月球原始大气层的残留物,而是具有多途径的来源的,如俘获太阳风粒子,太阳耀斑粒子的注入,宇宙线与月壤物质的相互作用,由铀、钍、钾等的衰变产生,以及由重核裂变产生的等。

在月壤的稀有气体的分布中,最让我们感兴趣的是氦3。研究表明,氦3在颗粒大小不同的月壤中含量不同。对"阿波罗16号"宇航员采集回来的月壤样品的分析表明,氦3在颗粒直径小于90微米的月壤中含量最高,当月壤的颗粒变大时,氦3的含量明显减小。氦3的浓度也与月壤的矿物组成密切相关,在颗粒直径小于50微米的富钛铁矿的月壤中,氦3特别丰富。对"阿波罗12号"宇航员采集回来的月壤样品的分析也表明,在钛铁矿碎屑中,氦的浓度竟比斜长石和玻璃的碎屑中要高20倍,这表明钛铁矿吸附氦的能力比较强。同时,在颗粒很小的富钛铁矿的月壤中还富含氢,每克这样的月壤中氢的含量可高达2毫克。

氦3是可控核聚变反应的重要原料,而且与氘-氚的热核聚变反

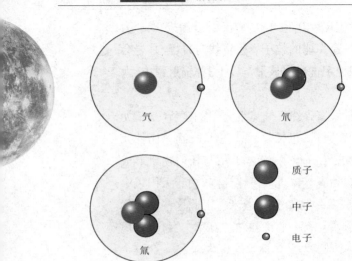

图8-9 氢的3种同位素:氕、氘和氚。原子核中只有1个质子,外面被1个电子所围绕,这是氕(左上图);原子核中有1个质子、1个中子,外面被1个电子所围绕,这是氘(右上图);原子核中有1个质子、2个中子,外面被1个电子所围绕,这是氚(左下图)

应相比,它具有更多的优点。氘与氚是氢的3种同位素中的2种,氢有3种同位素——氕、氘和氚(图8-9)。自然界中99.985%的氢都属于氕;氘在氢中的比例约为0.015%;而氚在氢中的比例极其微小,所占比例不足10亿亿分之一。当1个氘原子和1个氚原子发生作用时,会聚变成1个氦4原子,并释放出能量和1个高能中子。当大量的氘和氚发生聚变反应时,产生的大量高能中子会损伤核反应装置。而1个氦3原子与1个氘原子聚变为氦4时,释放出的是1个高能质子,并伴随释放出能量。由于质子带正电荷,研究表明此时所需的防护设施和环保条件较简便而且廉价,因而有利于环境保护。

提取月壤中的氦3并不是一件很困难的事,只要将月壤粉碎筛选,放入真空加热释气炉内,利用太阳能微波转换装置加热到600℃,就能释放出90%以上的氦气。然后再用分馏塔分离同位素,就可将氦3从氦气中分离出来。整个过程所需要的能量全部可以由太阳能供给(图8-10)。

月壤中氦3的资源量对人类今后开发、利用月球能源具有十分

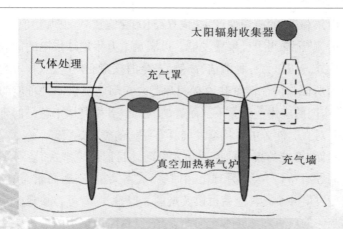

图8-10　从月壤中提取氦3等气体示意图。图中的太阳辐射收集器用于收集太阳能,以便提供能量,使真空加热释气炉加热到600℃,此时该炉内被粉碎的月壤中的氦等气体就会释放出来,储存在充气罩中。再经过气体处理装置,包括用分馏塔将氦4和氦3进行分馏,就可以获得所需要的氦3。月壤中氢气的提取也可以用类似的方法进行

重要的意义。由于月壤中氦3的含量比较稳定,只要能精确探测月壤的厚度,便可以估算出月壤中氦3的资源量。我国"嫦娥一号"卫星上就装载着一台多波段微波探测仪,将用于测量月球土壤的厚度。这也是世界上第一次在月球卫星上装载微波探测仪,并计划测量月球全球的土壤厚度。那么,到底月壤中储存着多少氦3呢?以"阿波罗号"飞船的宇航员带回的月壤样品的实测结果作参考,即使保守估算,月壤中氦3的资源总量也可达到100万~500万吨。相比之下,固体地球可提取的氦3是非常少的,只有15~20吨。

只需简单地计算一下,就可以知道这100万~500万吨氦3的真正价值。假若建一座500兆瓦的氘与氦3的核聚变发电站,每年消耗的氦3仅需50千克。1987年美国的发电总量若由氘与氦3的核聚变反应堆提供,所需的氦3只有25吨。1992年中国所用的总电量若用氘与氦3的核聚变反应堆提供,只需消耗氦3约8吨。全世界的年总发电量若

完全由氘和氦3的核聚变产生,也只需100吨的氦3。也就是说,若月壤中的氦3全都用于核聚变发电,可满足上万年地球供电的能源需求。此外,氦3作为一种清洁、高效、安全的核聚变发电燃料,可为人类目前所面临的能源紧缺困扰和环境改善问题提供一种可能的选择,其广阔的应用前景是不言而喻的。总之,开发月壤中蕴藏的丰富的氦3,对人类能源的可持续发展具有深远的意义。

然而,可控核聚变的商业化发电问题目前尚未解决,还有不少技术问题有待研究,从月球上运回氦3成本又过高,因而氘与氦3的核聚变发电并不是马上就可以实现的。但是,随着可控核聚变发电技术难关的攻克和该技术走向商业化,以及航天技术的进步所导致的航天运输成本的下降,总有一天,地球与月球之间的运输成本会降低到可以接受的水平。到那时候,利用氘和氦3发电将成为历史的必然选择。

2006年11月,我国政府正式宣布加入由欧盟、中国、美国、日本、韩国、俄罗斯和印度联合实施的国际热核聚变实验反应堆计划。如果这一计划获得成功,核聚变反应堆发电的商业化进程将大大加快,有望在50余年后实现商业化运营。

月球基地的建设

月球上没有大气,其表面当然不会有大气吸收、大气散射等干扰,实际上月球表面处于高真空状态;没有大气,也就不会有大气的热传导和大气中二氧化碳的温室效应,导致月球表面的温度可从夜间的-180℃左右上升到白天的130℃左右,昼夜温差约300℃;月球没有全球性的磁场,月岩只有极微弱的剩磁;月球内部的能源已近乎枯竭,月震释放的能量要比地震小几千万倍至上亿倍,月球内部构造极其稳定;32亿年前,月球就进入较静寂的时期,此后月球再也没有发生过显著的火山活动和构造运动;月球表面还具有高洁净、弱重力的特征。所有这些环境特征,在地球上都是无法具备的,但这却正是进行一些高新科学技术研究所必需的。下面从几个方面来讨论月球基地的作用：

（1）在月球上开展天文观测

在地球上，由于大气的存在，即使使用可见光开展天文观测，也必须考虑以下诸多不利影响。

观测地点一年中晴夜数（对太阳观测而言，则是晴天数）　地面上所建的天文台必然会受到风雨雷电等气象因素的影响，甚至满天的云都会使可见光的天文观测无法正常进行。所以地面上的天文台在建台之前，一定要事先考察建台地点一年中的晴夜数，特别是完全无云、大气很透明又很宁静的高质量晴夜数的多寡。

大气的抖动和闪烁　大气特别是近地面的空气由于受热膨胀的状况不同，会形成许多密度不同、大小不一的气团，它们使大气折射的情况发生不规则变化，于是星像便发生抖动和闪烁。大气的抖动和闪烁使星像不稳定，尺度变大。地面天文台在建台前要十分细致地进行选址工作，其中之一就是要选择一年中极大部分时间星像的抖动和闪烁很小的地址。

大气消光　地球上大气的吸收和散射使天体的光变弱，这便是大气消光。由于大气使不同颜色的光减弱的能力不同，大气消光也会使天体的颜色发生变化，从而使天体随不同波长的能量分布失真。

大气色散　地球上的大气层对不同波长的光有不同的折射率，从而造成色散效应，产生一种附加光谱。

大气折射　来自天体的光线经过地球大气层时会发生折射，导致入射方向发生改变，从而影响测量天体位置的精度。

更重要的是，在地面上开展观测，只能接受来自天体的可见光、射电波和少数几个小波段处的红外光，而天体其他波段的电磁辐射都被拒之于地球大气外。要在这些波段探测天体，就必须把相应的设备安装到人造卫星和空间实验室中去，到地球大气之外进行探测。而在月球上，由于没有大气，上述地面天文观测的诸多缺陷都不会出现。而且,地面上对可见光波段的天文观测必须在夜间进行,因为大气对日光的散射使天空变成蔚蓝色,所有的星星都隐匿不见;而在月球上,即使是在它的白天,一方面是"艳阳高照",另一方面在太阳之外的其他天区,照样是"星光灿烂",对太阳和对星星的观测可以互不干扰地同时进行。在月面上,还可以同时安装光学天文望远镜、射电望远镜、红外望远镜、紫外望远镜、X射线望远镜和γ射线望远镜,对天体发出的电磁波的各个波段的探测也可以同时进行,是对同一天体实现在电磁波的各个波段同时进行探测的好地方。图8-11是一幅月球天文观测基地的构想图。

同时,在月面上看,地球是天空中独一无二的巨大天体,它的视

图8-11 月球天文观测基地构想图。图中一个个圆球类似于地球上天文台中的圆顶,但其中安放的不一定是光学望远镜,而是可以接收天体不同电磁波段的多种望远镜。右上部大锅状的物体是一座利用月球上环形山的天然地形建造的固定天线的射电望远镜。与地球上受到很强的无线电波的人为干扰相比,月球上的电磁环境极为安静,因此月球上的射电望远镜将可以接收到来自遥远天体的极微弱的射电信号

圆面的面积有地球上看月球的10多倍那么大。在月面上,若建立起月球基地的对地监测站,可以高精度地观察和监视地面的气候变化、生态演变、环境污染和自然灾害,为人类可持续发展作出重要贡献。

（2）在月球上生产特殊生物制品和特殊材料

月球上的特殊环境,再加上因没有生命和人类活动而具有的高洁净的特点,为研制特殊生物制品和特殊材料开拓了广阔而诱人的前景。

有些生物制品在地球上是无法生产的,目前科学家已列出了一

图8-12　月球基地建设:建立营地

居住舱

居住舱

机器人起重机

充气住房支架

张庞大的需要在月球基地中研制的生物制品与特殊材料的清单；还有很多对人类有重大意义的非常昂贵的材料也只有在月球这样的环境中才能生产。无疑，月球是新的生物制品和特殊材料研制、开发、生产的首选基地(图8-12和图8-13)。

(3) 天然空间站

月球是地球唯一的天然卫星，是人类庞大而稳固的"天然空间站"，也是人类登上火星，开展太阳系深空探测的前哨阵地和转运站。在月球上建立永久性的"月球村"，是人类向外层空间发展的第

图8-13　月球基地建设：投入运行

一个目标,也是关键性的一步。21世纪前期,在人类重返月球计划的执行过程中,需要开展建设具有生命保障系统的受控生态环境的月球基地的探索,并进行月面建筑、运输、采矿、材料加工等多方面的科学研究和实地试验。这些工作,对于未来将月球建设成为适合于人类居住的月球村和科学实验基地,成为一个功能齐全的"天然空间站",是必不可少的。

　　总之,月球上的各种能源和特殊环境资源将对人类社会的可持续发展,发挥长期稳定的支撑作用。地月系不仅是一个统一的自然体系,在人类社会的可持续发展方面,也将成为一个统一的整体。

寻觅极地的水冰

　　前文中一再指出,月球上的岩石都是通过高温的岩浆和火山活动形成的,月球的早期曾经是灼热的"岩浆洋",月球在生成和演化的过程中也都没有水的参与。而且,月球的表面没有大气,因而也不可能存在水。所以长期以来,人们普遍认为,月球上不存在水,当然也

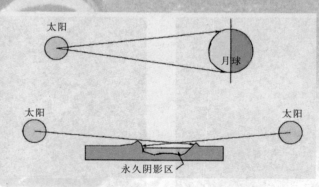

图8–14　月球南北极某些撞击坑内永久阴影区的成因示意图。月球的赤道面与黄道面的交角只有1.5°左右,也就是说,月球的南北极始终与太阳光的入射方向近乎垂直(上图),两者只在88.5°~91.5°的范围内作微小的变动。于是,从月球的南北极处看太阳,太阳始终在月球的"地平线"上下摆动,阳光只能照射到环形山或撞击坑的侧壁(下图),而无法照射到它们的底部,因此那里是永久阴影区

不会存在水冰。

但是,1961年,美国科学家华森(Kenneth Watson)等人发表论文指出,月球南北极一些撞击坑的底部可能处于太阳照射不到的永久阴影区(图8-14和图8-15),那里的温度有可能常年维持在-230℃左右。由彗星撞击月球带到月球表面的水在这样的低温下可能会以水冰的形式保存下来,逃逸进入太空的可能性很小。他们推测月球的两极撞击坑中可能有大量水冰,而且是冰与月壤混合所构成的"脏冰"。

不过这一设想在提出之后的30多年中,一直得不到实测工作的支持。因此科学家们曾普遍认为月球上并不存在任何形式的水。

1994年1月25日,美国向月球发射了"克莱门汀号"探测器,在它绕着月球转动的71天中,获得了200万幅高精度的月球表面红外光、可见光和紫外光的图像,还获得了月球的三维地形图,图像分辨率比以往的月球照片高100倍以上,使人类对月球的认识达到了一个新高峰。

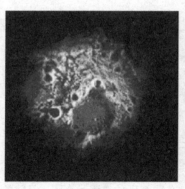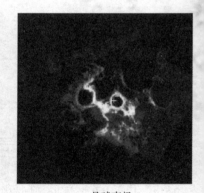

月球北极　　　━━━━　　　月球南极

100千米

图8-15　月球南北极的光照条件示意图。在月球的北极地区,白昼(太阳在地平线之上时)受到光照的区域相对来说还比较大;而在月球南极地区,由于凹陷的区域更大,白昼受光照的区域显得更小,也就是说,那里的永久阴影区的面积更大

　　"克莱门汀号"探测器上还装有收发分置雷达(也称双站雷达或双基地雷达)。一般情况下,同一个雷达既能发射无线电波,又可接收它的回波;而收发分置雷达则是一种将发射无线电波和接收其回波的功能分置两地的雷达。对于"克莱门汀号"的收发分置雷达而言,航天器上只装了一套发射无线电波的设备,而其回波信号则需要由地球上的雷达接收系统来接收。

　　1994年4月,按照预先的计划,在特定的日期和时刻,使用该雷达对月球南北极的永久阴影区进行了测量,分析了雷达回波的特性,科学家们认为永久阴影区中很可能存在水冰。例如,发现了月球南极的永久阴影区(图8-16)的雷达回波存在某种特殊散射效应,这种特殊散射效应不具有月球岩石所应有的特征,而呈现为混有月壤和沙砾的水冰的特征。

　　有的科学家还指出,月球的南半球有一个直径大于2500千米、中心平均深度达12千米的爱肯盆地(图8-17),因此月球南极至少有6361平方千米的永久阴影区,而月球北极则只有530平方千米的永久阴影区。他们还估计月球南极有纯水冰的面积约为90~135平方千米。

图8-16　一幅月球南极附近的照片。1994年由美国"克莱门汀号"探测器拍摄,照片中央黑色区域是南极的永久阴影区,那里很可能存在水冰

但是,也有科学家对"克莱门汀号"的上述探测结果作出了另外几种物理学解释。他们并不认为该探测结果一定表明月球南极永久阴影区中肯定有水冰存在。而且在1992年以后的几年中,美国科学家斯特塞(Nicholas Stacy)等人用阿雷西博天文台一种被称为综合孔径雷达的先进设备进行了高分辨率的月面制图,并对月球南极永久阴影区的雷达回波进行了探测。结果表明,月球南极地区不存在面积大于1平方千米的因反射水冰而出现的雷达回波异常区域。他们还发现几个面积小于1平方千米的区域虽然存在那种雷达回波异常,但那里竟是太阳照射区,而不是永久阴影区。这些事实表明,"克莱门汀号"的上述探测结果虽然可以用水冰的存在来解释,但并非唯一可能的解释,这其中的情况相当复杂。

斯特塞等人在1993年和1997年两度发表论文,阐述了他们的探测和研究成果,他们的成果使月球南北极的永久阴影区中的水冰问题成了一个更有争议的问题。于是,美国在1998年1月7日发射的"月球勘探者号"探测器上,装载了一种名叫"中子探测仪"的新仪器来

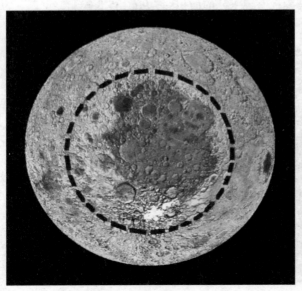

图8-17 月球南极地貌图（图中红色代表高地地貌,紫色代表低地地貌）。爱肯盆地（黑色环内所示）的直径约为2500千米,深达12千米,是太阳系中最大最深的盆地,大部分位于太阳永远照射不到的永久阴影区,南极极点正好位于盆地边缘

进一步探测这个疑难问题。

"月球勘探者号"上的中子探测仪能以150平方千米的分辨率扫描月球南极与南纬80°的地区以及月球北极与北纬80°的地区,穿透月球表面的深度为0.5米,而且只要被探测物中有液态氢或含有质量比为0.01%的水(水中有丰富的氢原子),该仪器就能灵敏地探测到。

"月球勘探者号"上的中子探测仪的探测结果表明,在月球两极地区蕴含丰富的氢,而且月球北极地区氢的丰度更高,由此推测月球极地可能含有丰富的水冰。科学家们认为,月球水冰以0.1%~0.3%的极低比例与月壤混合成细小晶体,然后分布在月球两极很大的区域内,在南极的分布面积可能达5000~20 000平方千米,在北极达10 000~50 000平方千米。水冰分布的深度集中在月球表面以下0.4米左右。其中,南极地区有650平方千米,北极地区有1850平方千米的面积是水冰的富集区,估计极地水冰的总储量约66亿吨。这个数量约是过去20亿年中彗星撞击带来并滞留于月球的水冰总量的10%左右,因而是完全可能的。

水冰之谜待破解

"月球勘探者号"上中子探测仪的探测结果虽然可以解释成由水冰引起,但因为探测到的毕竟只是极地有丰富的氢,因此还不能说这是水冰存在的铁证。那么怎样才能获得水冰存在的铁证呢?美国国家宇航局的研究人员认为,当重达160千克的"月球勘探者号"高速撞向月球南极一个可能含有水冰的区域时,释放出的能量很可能撞开一个大坑,而且其撞击力将足以使那里的水冰蒸发或溅射出一团水蒸气。因此,1999年7月31日,当"月球勘探者号"即将完成使命时,美国国家宇航局下达指令,让它以1.7千米/秒的速度向月球极地预定目标撞去。科学家原本估计这次撞击将激发生成18千克左右的水蒸气云,足以供地面天文台和空间望远镜进行观测,如果探测

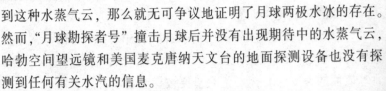

到这种水蒸气云，那么就无可争议地证明了月球两极水冰的存在。然而，"月球勘探者号"撞击月球后并没有出现期待中的水蒸气云，哈勃空间望远镜和美国麦克唐纳天文台的地面探测设备也没有探测到任何有关水汽的信息。

对这一结果有几种可能的解释。一是"月球勘探者号"可能撞击到目标区的一块岩石或干燥的月壤上。二是水分子被岩石牢固束缚住，而不是以冰晶体的形式存在。热力学研究表明，月壤中的无水矿物与水冰起反应，结合进入矿物晶体，会形成含水矿物晶体。要分离出含水矿物晶体内的水分，需要815℃的高温，但"月球勘探者号"撞击产生的温度只有近400℃，这样的温度虽能使冰转化为水蒸气，但却不能"解放"矿物中的水分子出来"作证"。三是观测的望远镜没有对准目标，释放出的水蒸气没能进入望远镜的视场，在近乎真空的月面上很快逃逸到太空中去了。四是撞击坑里根本没有水冰，中子探测器探测到的纯粹是氢。然而，到底属于哪种情况，很难作出判断。

直到现在，月球两极水冰究竟存在与否还是一个谜。但是，根据上面提到的诸多探测和研究可以看出，月球两极即使有水冰存在，也不大可能是人类建立月球基地所需要的水。这是因为，这种水冰含量很低而且存在于两极的永久阴影区，那里终年黑暗、低温，对开采器械的性能要求非常高，因而"可望而不可及"；再者，水冰在月壤中的含量极微，分布面积极广，并与月壤相混合，生产1吨水很可能要开发好几平方千米面积的月壤，水冰的收集和运输技术上难度又很大，因而不是多快好省的办法。

那么，人类要建立月球基地，怎样获得所必须的水呢？月海玄武岩中，钛铁矿占其中的体积含量的15%左右，它可以成为获取水的重要源泉。本章已经指出，在富含钛铁矿的月壤中，还含有丰富的氢，每克月壤中有重达2毫克的氢离子。钛铁矿的主要成分是$FeTiO_3$，于是，它与从月壤中收集起来的氢分子起化学反应就可以

产生水,同时还生成铁和二氧化钛,其化学反应过程为:

　　　　钛铁矿+氢气→金属铁+二氧化钛+水

科学家们通过计算表明,消耗1吨钛铁矿和0.013吨氢气,可以生成0.12吨水、0.37吨铁和0.52吨二氧化钛。如果按照月壤厚度4米计算,生产1吨水,大约需要8.3吨钛铁矿,只需要开采22平方米的月海区的月壤。这种生产可以在月球基地附近就地取材。因此,开发钛铁矿以获得水是更为实用和可靠的途径。

　　此外,人类还可以开采月球岩石中存在的氧化亚铁矿石,将它粉碎后,使它与从月壤中收集到的氢起作用而生成水,其化学反应过程为:

　　　　氧化亚铁+氢气→金属铁+水

由此看来,人类要建立月球基地,水资源并不是个大难题。

　　然而,月球两极地区是否存在水冰的问题毕竟是一个重要的科学问题。人类已经开始对这个疑难问题的探索,这项研究工作今后决不会止步不前,各国科学家和广大民众也都渴望尽快揭开这个谜底。另外,长期来说,月球两极地区的水冰资源也并不是完全没有实用价值的。虽然人类在刚开始建立月球基地时,很可能采用的是用钛铁矿与氢作用产生水的较经济的方法,但若月球两极真的蕴藏有丰富的水冰,当人类对月球上水的需求大大增加而开采技术又得到长足发展以后,人们一定会设法较大规模地对其进行开采。

图书在版编目（CIP）数据

蟾宫览胜：人类认识的月球世界/王世杰等著. —上海：上海科技教育出版社,2007.10(2023.8重印)

（嫦娥书系：2/欧阳自远主编）

ISBN 978-7-5428-4112-4

Ⅰ.蟾… Ⅱ.王… Ⅲ.①月球—普及读物 ②月球探索—普及读物 Ⅳ.P184-49 V1-49

中国版本图书馆CIP数据核字（2007）第132509号

嫦娥书系

欧阳自远 主编

蟾宫览胜 人类认识的月球世界

王世杰 宣焕灿 郑永春 等著

丛书策划	卞毓麟	
责任编辑	吴 昀	
装帧设计	汤世梁	

出版发行 上海科技教育出版社有限公司
（上海市闵行区号景路159弄A座8楼　邮政编码201101）

网　　址	www.sste.com　　www.ewen.cc	
经　　销	各地新华书店	
印　　刷	天津旭丰源印刷有限公司	
开　　本	890×1240　1/32	
字　　数	163 000	
印　　张	6.5	
版　　次	2007年10月第1版	
印　　次	2023年8月第3次印刷	
书　　号	ISBN 978-7-5428-4112-4/P.13	
定　　价	42.00元	